光デバイス入門

— pn 接合ダイオードと光デバイス —

末益　崇 著

コロナ社

は　じ　め　に

　本書は，固体物理学を習い始めた大学3，4年生が，固体物理をベースに光デバイスの基礎を理解することを目的に書かれた本である。光デバイスは，現在および将来の情報通信，省エネルギーおよび創エネルギーを支える重要な基幹デバイスである。本書で扱う内容は，著者が筑波大学の理工系の3，4年生向けの講義で扱っている15回分の講義の内容を中心にまとめたものである。学部生が相手の講義のため，まずは，直観的に理解できる内容および基礎に重点を置いた。光デバイスについては，すでに，それぞれの分野で，国内外を問わず，最先端の内容を含む立派なテキストが多数出版されている。本書は，そのような専門書にあたる前に，光デバイスの全体像をつかむために読むテキストと位置づけ，光デバイスの大枠を理解できるよう，基礎的な内容に絞って取り上げたつもりである。著者の浅学のため，至らない箇所が多いことを恐れている。

　1章では，固体物理を取り上げ，結晶構造，逆格子，k 空間，ブリユアン域，空格子近似を経て，半導体のエネルギーバンド構造に至る過程を解説した。固体物理の基礎を理解している場合には，この章を飛ばして3章に進むことも可能である。2章では，半導体物性の基礎として半導体のキャリヤ（電子およびホール）密度がどのように式で表せるか，さらに，光学遷移の基本形として，自然放出，誘導放出，光吸収に伴う電子の遷移割合を2準位モデルを使って導出した。また，禁制帯に局在準位がある場合の再結合割合，ならびに，電子電流およびホール電流の表式を導出した。最後に，局在準位の原因となる半導体結晶の欠陥を取り上げた。3章では，pn ホモ接合ダイオードを取り上げ，空乏近似の下，ポアソン方程式を解いてエネルギープロファイル，空乏層幅を導出した。さらに，順方向バイアス印加時のキャリヤ密度に関する2階線形微分

ii は　じ　め　に

方程式を解いて少数キャリヤ密度の分布を求め，そこからダイオードの電流電圧特性が導出されることを示した。ショットキーダイオードの概要も示した。4 章では，光検出器の基礎として，素子に印加するバイアス電圧により，太陽電池モード，フォトダイオードモード，アバランシェフォトダイオードモードの三つがあることを示し，それぞれの動作原理を記した。また，動作速度を決める要因として，CR 時定数および空乏層をキャリヤが走行する時間を取り上げ，それらの表式を導出した。5 章では，太陽電池を取り上げた。主として，結晶 Si 太陽電池を念頭に置き，光照射下の pn ホモ接合ダイオードのキャリヤ密度分布を 2 階線形微分方程式を解いて求め，そこから電流電圧特性を導出した。導出した光電流の表式から，太陽電池特性向上のための重要なパラメータがなんであるか，理解できるよう努めた。また，結晶 Si 太陽電池の変換効率向上の歴史を示し，エネルギー変換効率向上のブレークスルーにつながった技術をいくつか取り上げた。6 章では，7 章および 8 章で主役となる化合物半導体を取り上げた。化合物半導体では，組成比を変えることで禁制帯幅を制御できること，さらに，基板上への半導体薄膜のエピタキシャル成長技術を紹介した。7 章では，発光ダイオードを取り上げた。発光強度を高めるためにホモ接合ダイオードからダブルヘテロ接合ダイオードへと移行したこと，さらに，光通信用の光源として重要な直接変調の上限周波数についてもレート方程式を解いて解説した。8 章では，半導体レーザダイオードを取り上げた。レート方程式を用いて，自然放出から誘導放出に切り替わるしきい値電流の表式を導出した。また，縦モード単一化のための半導体レーザとして，分布帰還型レーザダイオード，分布反射型レーザダイオードおよび面発光レーザダイオードを取り上げた。さらに，光通信用の光源として重要な直接変調周波数の上限を導出し，LED よりも上限周波数が格段に高いことを示した。レーザダイオードの特性向上には，活性層の低次元化が不可欠である。これについて，しきい値電流密度の年次変化を紹介した。また，各章に章末問題を設定し，理解の助けになるようにした。解答例は，コロナ社の Web ページから見られる（詳細は p. 106 参照）。

は　じ　め　に　　iii

　本書の執筆に際しては，研究室の学生諸君の意見をできるだけ取り入れた。また，貴重なご意見をくださった茨城大学鵜殿治彦教授，東京工業大学宮本智之准教授に深く感謝する。本書の執筆の機会をくださり，出版に際して大変お世話になったコロナ社に感謝する。最後に，常日頃より私を励ましてくれる家族，とりわけ妻裕香に心より感謝する。

2018 年 3 月

末益　崇

目　　　次

1.　結晶構造とエネルギーバンド構造

1.1　は　じ　め　に……………………………………………………………… *1*

1.2　結晶系と空間格子 ………………………………………………………… *1*

1.3　半導体の結晶構造（Si，GaAs を例に）………………………………… *3*

1.4　エネルギーバンド構造 …………………………………………………… *5*

1.5　*k*　　空　　　間 ………………………………………………………… *9*

　　1.5.1　フーリエ級数……………………………………………………… *9*

　　1.5.2　逆　格　子 ………………………………………………………… *11*

　　1.5.3　ブリユアン域 ……………………………………………………… *13*

1.6　エネルギーバンドとは …………………………………………………… *15*

　　1.6.1　1電子のシュレディンガー方程式………………………………… *15*

　　1.6.2　ブロッホの定理 …………………………………………………… *16*

　　1.6.3　空格子のエネルギーバンド ……………………………………… *17*

　　1.6.4　ほとんど自由な電子のバンドにおけるエネルギーギャップ…… *19*

章　末　問　題………………………………………………………………… *23*

2.　半導体物性の基礎

2.1　は　じ　め　に …………………………………………………………… 25

2.2　真性半導体のキャリヤ密度・キャリヤ密度のエネルギー分布………… 25

　　2.2.1　状　態　密　度 …………………………………………………… 25

　　2.2.2　電子およびホール密度…………………………………………… 27

　　2.2.3　キャリヤ密度のエネルギー分布………………………………… 28

2.3　不純物ドープ半導体のキャリヤ密度・キャリヤ密度のエネルギー分布

　　　……………………………………………………………………………… *30*

2.3.1　n 型 半 導 体……………………………………………………… 30

2.3.2　電子密度のエネルギー分布…………………………………… 32

2.3.3　p 型 半 導 体……………………………………………………… 34

2.3.4　ホール密度のエネルギー分布…………………………………… 36

2.4　光学遷移の基本形…………………………………………………… 38

2.4.1　自然放出，誘導放出，光吸収………………………………… 38

2.4.2　誘導放出割合を高めるには…………………………………… 40

2.5　キャリヤ再結合および生成の過程………………………………… 41

2.5.1　バンド間遷移による再結合…………………………………… 42

2.5.2　禁制帯内の局在準位を介した再結合………………………… 43

2.5.3　オージェ再結合………………………………………………… 46

2.5.4　光吸収によるキャリヤ生成…………………………………… 47

2.6　キ ャ リ ヤ 輸 送…………………………………………………… 49

2.7　欠　　　　　陥…………………………………………………… 52

2.8　ホ ー ル 効 果…………………………………………………… 53

章 末 問 題…………………………………………………………………… 57

3.　pn 接合ダイオード

3.1　は　じ　め　に……………………………………………………… 59

3.2　空乏層幅と内蔵電位………………………………………………… 59

3.3　空 乏 層 容 量…………………………………………………… 63

3.4　電 流 連 続 の 式…………………………………………………… 66

3.5　暗状態の電流電圧特性……………………………………………… 67

3.6　半導体ヘテロ接合…………………………………………………… 71

3.7　金属 – 半導体接合…………………………………………………… 74

3.7.1　ショットキー接合とオーミック接合………………………… 74

3.7.2　ショットキーダイオードの電流電圧特性…………………… 77

3.7.3　オーミック接合………………………………………………… 80

3.8　完全空乏近似の妥当性について…………………………………… 81

章 末 問 題 ·· 82

4. 光検出素子の基礎

4.1 は じ め に ······································· 84

4.2 光吸収係数とキャリヤ生成割合 ······················ 85

4.3 動作モードについて ······························ 87

 4.3.1 太陽電池モード ······························· 88

 4.3.2 フォトダイオードモード ························ 89

 4.3.3 ショットキーダイオード ······················ 90

 4.3.4 APD モ ー ド ······························· 94

 4.3.5 光 伝 導 セ ル ······························· 96

4.4 応 答 速 度 ···································· 98

 4.4.1 CR 時 定 数 ······························· 98

 4.4.2 走 行 時 間 ······························· 99

4.5 雑 音 ··· 101

 4.5.1 ショット雑音 ······························· 101

 4.5.2 熱 雑 音 ······························· 101

 4.5.3 光検出器の性能を表す指標 ······················ 102

章 末 問 題 ·· 105

5. 太 陽 電 池

5.1 は じ め に ······································· 107

5.2 太陽光のスペクトル ······························ 108

5.3 光生成キャリヤの輸送メカニズム ······················ 109

5.4 光 電 流 密 度 ···································· 112

5.5 光照射下のキャリヤ密度分布と電流電圧特性 ················ 114

 5.5.1 p型中性領域について ·························· 114

 5.5.2 空 乏 領 域 に つ い て ························ 116

 5.5.3 n型中性領域について ·························· 117

5.6　表　面　再　結　合……………………………………………………… *118*

5.7　先端技術の導入によるエネルギー変換効率向上の歴史…………… *120*

　5.7.1　タンデム型太陽電池…………………………………………… *120*

　5.7.2　表面再結合の抑制……………………………………………… *123*

5.8　結晶 Si 太陽電池エネルギー変換効率向上の歴史………………… *124*

章　末　問　題………………………………………………………………… *126*

6.　化 合 物 半 導 体

6.1　は　じ　め　に…………………………………………………………… *128*

6.2　種　類　に　つ　い　て…………………………………………………… *128*

6.3　化合物半導体の禁制帯幅と格子定数………………………………… *129*

6.4　半導体積層構造の結晶成長方法……………………………………… *133*

章　末　問　題………………………………………………………………… *135*

7.　発 光 ダ イ オ ー ド

7.1　は　じ　め　に…………………………………………………………… *136*

7.2　半導体で自然放出を実現するには…………………………………… *137*

7.3　ホモ接合ダイオードからダブルヘテロ接合ダイオードへ………… *140*

7.4　静特性と動特性………………………………………………………… *144*

章　末　問　題………………………………………………………………… *147*

8.　レーザダイオード（LD）

8.1　は　じ　め　に…………………………………………………………… *148*

8.2　LD の基本構造………………………………………………………… *149*

8.3　導波モードについて…………………………………………………… *149*

8.4　LD の動作原理………………………………………………………… *153*

8.5　レーザ発振の条件……………………………………………………… *155*

8.6　単一モードレーザ……………………………………………………… *158*

viii　目　　　　次

8.7　活性層の低次元化 ………………………………………… *161*

8.8　静特性と動特性 …………………………………………… *165*

　8.8.1　あ　ら　ま　し ……………………………………… *165*

　8.8.2　静　　特　　性 ……………………………………… *166*

　8.8.3　動　　特　　性 ……………………………………… *168*

章　末　問　題 …………………………………………………… *170*

付　　　　　録 ……………………………………………… *172*

引用・参考文献 ……………………………………………… *174*

索　　　　　引 ……………………………………………… *177*

1. 結晶構造とエネルギーバンド構造

1.1 は じ め に

　光エレクトロニクスに関わる半導体の多くは，原子が三次元空間に規則正しく配列した単結晶である。また，発光素子では，異なる半導体膜を積層したヘテロ接合が多用される。そこでは，半導体膜間で格子定数が合うような工夫がなされている。このため，本章で扱う原子の規則配列による結晶と，これに起因するエネルギーバンド構造を理解することは，半導体の性質を知る上でとても重要である。

　本章では，実空間の結晶構造からスタートして，そのつぎに逆格子を，そして，原子の周期性を取り入れた k 空間へ，さらに，エネルギーバンド構造へと話を進める。

1.2 結晶系と空間格子

　結晶は，周期的に配列した原子により構成されている。グラフェンなどの二次元の結晶も存在するが，多くの結晶は三次元構造を持つ。**図 1.1** に示すように，最小の周期を与える三つのベクトル $\boldsymbol{a}_1$, $\boldsymbol{a}_2$, $\boldsymbol{a}_3$ を基本並進ベクトルという。結晶内の任意の格子点 $\boldsymbol{R}_n$ は，基本並進ベクトルを用いて，つぎのように表せる。

$$\boldsymbol{R}_n = n_1\boldsymbol{a}_1 + n_2\boldsymbol{a}_2 + n_3\boldsymbol{a}_3 \tag{1.1}$$

1. 結晶構造とエネルギーバンド構造

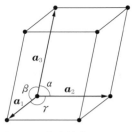

図 1.1 基本並進ベクトルと単位胞

これら三つのベクトルで構成される平行六面体，すなわち結晶の最小構成単位を基本単位胞（primitive unit cell）と呼ぶ。基本単位胞はつねに1個の格子点を含む。同じ性質を持ち体積が最小でないものを，一般に単位胞という。三次元空間を単位胞の周期的な配列ですき間なく埋め尽くすことのできる格子の構造は限られており，**表**

表 1.1 七つの結晶系と 14 種類のブラベ格子

結晶系	軸の長さ，角度	対応するブラベ格子
立方晶	$a_1 = a_2 = a_3$ $\alpha = \beta = \gamma = 90°$	単純立方（P） 体心立方（I） 面心立方（F）
正方晶	$a_1 = a_2 \neq a_3$ $\alpha = \beta = \gamma = 90°$	単純立方（P） 底心立方（C）
直方晶	$a_1 \neq a_2 \neq a_3$ $\alpha = \beta = \gamma = 90°$	単純斜方（P） 体心斜方（I） 面心斜方（F） 底心斜方（C）
菱面体	$a_1 = a_2 = a_3$ $\alpha = \beta = \gamma \neq 90°$	単純のみ（P）
六方晶	$a_1 = a_2 \neq a_3$ $\alpha = \beta = 90°, \gamma = 120°$	単純のみ（P）
単斜晶	$a_1 = a_2 \neq a_3$ $\alpha = \gamma = 90° \neq \beta$	単純単斜（P） 底心単斜（C）
三斜晶	$a_1 \neq a_2 \neq a_3$ $\alpha \neq \beta \neq \gamma \neq 90°$	単純のみ（P）

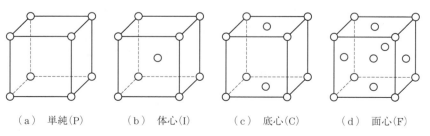

図 1.2 単純格子（P），体心格子（I），底心格子（C），面心格子（F）の模式図

1.1 および図 1.2 に示す立方，正方，直方，菱面体，六方，単斜，三斜の 7 晶系，14 種類のみ存在する。これらをブラベ格子と呼ぶ。式 (1.1) で与えられる点の集合が三次元のブラベ格子である。

1.3 半導体の結晶構造（Si，GaAs を例に）

　半導体には非常に多くの種類があるが，ここでは，代表的な半導体として，結晶 Si と GaAs を取り上げる。半導体の結晶は，格子が三次元に規則正しく配列し，Si や Ge はダイヤモンド構造〔**図 1.3**(a)〕を，GaAs は閃亜鉛鉱構造〔図 1.3(b)〕と呼ばれる結晶構造を持つ。Ga と As が同じ元素であれば，ダイヤモンド構造となるため，閃亜鉛鉱構造はダイヤモンド構造と似た結晶構造といえる。ダイヤモンド構造は，二つの面心立方格子を互いに体対角線に沿って 1/4 周期ズラした構造となっている。別のいい方をすると，ダイヤモン

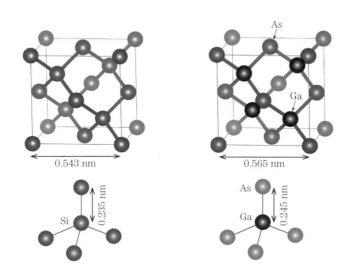

　　（a）ダイヤモンド構造を持つ結晶 Si　　（b）閃亜鉛鉱構造を持つ GaAs

　　図 1.3　結晶 Si の単位胞と Si - Si 結合および GaAs の単位胞と
　　　　　　Ga - As 結合の模式図

4   1. 結晶構造とエネルギーバンド構造

表1.2 Si 原子（原子番号 14）の電子配置

主量子数	軌道	電子数	表記
$n = 3$	$3p$	2	$(3p)^2$
	$3s$	2	$(3s)^2$
$n = 2$	$2p$	6	$(2p)^6$
	$2s$	2	$(2s)^2$
$n = 1$	$1s$	2	$(1s)^2$

ド構造とは，$(0, 0, 0)$ と $(1/4, 1/4, 1/4)$ を基本構造とする面心立方格子といえる。Si 原子は 14 族元素であり，主量子数 $n = 1$ から $n = 3$ の軌道まで 14 個の電子が，**表1.2** のように $(1s)^2(2s)^2(2p)^6(3s)^2(3p)^2$ の形で配置している。

　この中で，$n = 3$ の軌道にある四つの電子を最外殻電子と呼ぶ。結晶 Si では，各 Si 原子が隣接する四つの等価な Si 原子と電子を 1 個ずつ出し合って，各 Si 原子は 2 個の電子を共有して結合を形成する。このような結合を共有結合と呼ぶ。また，この結合を担う電子を価電子と呼ぶ。図 1.3（a）に示したとおり，Si 原子間の距離は 0.235 nm であり，結晶 Si では，どちらかの Si 原子に電子が引きつけられて偏った分布をすることはない。正四面体の中心に位置する Si 原子は，正四面体の頂点に位置する四つの Si 原子と共有結合を形成する。原子番号 32 番の Ge 原子は，最外殻電子数が $(4s)^2(4p)^2$ の 4 個で，結晶 Si と同様な共有結合を持つ。

　一方，GaAs の場合には，図 1.3（b）に示したように，Ga と As が 1：1 の割合で交互に位置していて，Ga 原子とは必ず As 原子が結合するように，互い違いに配置している。Ga は原子番号 31 の 13 族元素であり，最外殻電子数は $(4s)^2(4p)^1$ の 3 個である。As は原子番号 33 の 15 族元素であり，最外殻電子数は $(4s)^2(4p)^3$ の 5 個である。このため，Ga 原子と As 原子間の結合を担う電子数は平均で 2 個となり，結晶 Si と同じであるが，As 原子にやや偏った電子分布となっている。電子分布に偏りがある結合をイオン結合と呼ぶ。GaAs は，共有結合にイオン結合の性質が加わったものとして理解される。結晶 Si の格子定数は 0.543 nm であり，GaAs のそれは 0.565 nm である。価電子は原子間の結合を担っているため，低温では電気伝導に寄与できないが，後述するように，高温になると，または，禁制帯幅よりもエネルギーの大きなフォトン（光子）の入射により一部の共有結合が切れ，電気伝導を担うキャリヤ

（電子とホール）が発生する。

1.4　エネルギーバンド構造

　半導体の性質を理解するには，エネルギーバンド構造の理解が欠かせない。エネルギーバンド構造がどのようにして成り立つのかを考えるのに，二つの立場がある。一つは孤立原子のエネルギー準位から出発して，結晶構造に配置した近接原子との相互作用を取り入れる立場である。もう一つは，自由電子から出発して，原子が作る結晶ポテンシャルの効果を取り入れる立場である。ここでは，まず，前者を説明し，後者については，k 空間を導入して 1.5 節以降で説明する。

　原子が近接するとエネルギー準位が分離する様子を，水素分子を例に取って説明する。その後，結晶 Si を例に取り，エネルギーバンド構造が形成される様子を見る。

　孤立した水素原子では，電子は離散的なエネルギーを持ち，そのようなエネルギーをエネルギー準位と呼ぶ。水素原子のエネルギー準位 E_n は，n を主量子数として，次式で与えられる。

$$E_n = -\frac{13.6}{n^2} \text{〔eV〕} \tag{1.2}$$

　つぎに，水素原子 2 個からなる水素分子を考える。2 個の水素原子が十分離れていれば，ある量子数に対応するエネルギー準位は同じエネルギーを持つ，つまり，二重に縮退した状態である。お互いの軌道が重なるまで接近してくると，電子は同じ量子状態を占めることはないとのパウリの排他原理に基づき，縮退した準位は二つに分裂する。各水素原子の電子は，お互いに電子の軌道が重なるため，このような分裂の影響を受ける。結晶では，原子数が格段に増える。もし，N 個の原子から結晶を作れば，最外殻電子については，N 重に縮退した準位が N 個の準位に分離することになる。これらのエネルギー準位は非常に近接しているため，連続したバンド（帯）と見なせる。

図1.4は，Si原子間距離を接近させて結晶Siを構成したときにできるエネルギーバンドを模式的に表したものである。Si原子がお互いに離れているときは，個々のSi原子は分離したエネルギー準位を持っているが，原子が近接するに従い最外殻電子（3sおよび3p）の軌道が重なるため，これらのエネルギー準位が分裂しバンドを構成する。さらに接近すると，3sおよび3p軌道の準位から生じているバンドが融合してsp^3混成軌道を形成し，一つのバンドとなる。Si原子間距離がエネルギー的に最も安定なとき，このバンドは結合状態と反結合状態に再び分裂する。図1.3のSi-Si間の結合は，このsp^3混成軌道を表していて，正四面体の中心に位置するSi原子から四つの頂点の方向に電子分布が伸びている。四つの混成軌道は同等であり，その結果生じた結合状態（価電子帯）と反結合状態（伝導帯）はそれぞれ四重に縮退している。各軌道にはスピンを考慮すると2個の電子が入れるので，単位胞内のSi原子が持つ8個の電子がすべてエネルギーの低い結合状態に入り，安定化する。各Si原子は，周囲の4個のSi原子と電子を2個ずつ合計8個を共有する。結晶Si中の電子は，この分離によって生じたエネルギーを持つことができないため，このエネルギー領域を禁制帯，または，エネルギーギャップE_gと呼ぶ。結晶Siでは，禁制帯より下にあるエネルギーバンド（価電子帯）は電子がつまった状態であり，禁制帯よりも上にあるエネルギーバンド（伝導帯）はほとんど

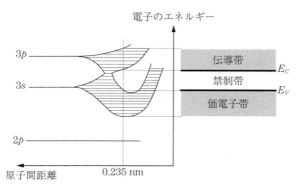

図1.4 Si原子間距離と結晶Siのエネルギーバンドの概念図

電子がいない状態である。半導体の性質は，おもに，禁制帯を挟む価電子帯と伝導帯により決まる。

真空中を速さ $\boldsymbol{v}$ で移動する自由電子の運動量 $\boldsymbol{p}$ は $\boldsymbol{p} = m_0 \boldsymbol{v}$ であり，その運動エネルギー E は，電子の進行方向に無関係に，次式で表せる。

$$E = \frac{\boldsymbol{p}^2}{2m_0} \tag{1.3}$$

ここで，m_0 は自由電子の質量である。半導体の伝導帯を移動する電子は，自由電子に類似して，半導体内を比較的自由に動くことができる。では，半導体を移動する電子の運動エネルギーは，どのように表せるであろうか。半導体内では，原子の周期的なポテンシャルのため，その運動は真空中とは異なる。また，運動の方向により電子に作用するポテンシャルが異なる。このような違いを，有効質量 m_e を用いることで，半導体中を移動する電子を古典的な荷電粒子として扱うことができる。この場合，半導体中を移動する電子の運動エネルギーは

$$E = \frac{\bar{\boldsymbol{p}}^2}{2m_e} \tag{1.4}$$

で表せる。ここで，$\bar{\boldsymbol{p}}$ は結晶運動量であり，波数ベクトル $\boldsymbol{k}$ により，$\bar{\boldsymbol{p}} = \hbar \boldsymbol{k}$ と表せる。同様な式が，正電荷を持つキャリヤであるホールについても書ける。このように，有効質量は非常に便利な概念である。

さて，格子の中心を原点に取ると，結晶中を進む電子の方向は，**図 1.5** に示

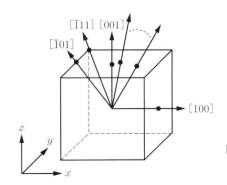

図 1.5 格子と電子の移動方向の模式図
（電子の移動方向は無限に選べる。）

すとおり無限にある。このうち，便宜上，対称性がよい複数の方向で代表させるのが普通である。

結晶 Si であれば，その対称性から [100] 方向も [010] および [001] 方向も，同じ原子配列であり，それらをまとめて ⟨100⟩ 方向と表現できる。同様にして，⟨111⟩ および ⟨110⟩ 方向も，対称性の高い方向である。このように，対称性の高い方向に電子が移動する際に，電子の移動方向とエネルギーの関係を示す図が，**図 1.6** に示す分散関係である。結晶内を伝搬する電子波のエネルギーは，波数ベクトル $\boldsymbol{k}$ の関数として表され，その方向は，ブリユアン域内の対称性のよい点や線分を群論に従い命名されている。ブリユアン域内はギリシャ文字を，表面にはアルファベットを用いる。例えば，点 $\varGamma$ はブリユアン域の中心 (000) を表し，逆格子の点 $\{1, 0, 0\}$ は点 X に，点 $\{1/2, 1/2, 1/2\}$ は点 L と表す。図 1.6 に，結晶 Si および GaAs のエネルギーバンド構造を示す。

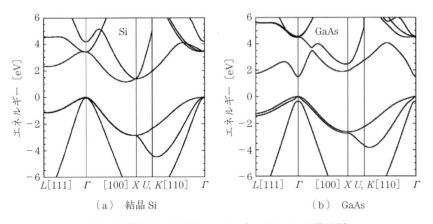

(a) 結晶 Si　　　　(b) GaAs

図 1.6 結晶 Si および GaAs のエネルギーバンド構造[1]†

Si では，価電子帯の上端は GaAs と同様に点 $\varGamma$ にあるのに対し，伝導帯の底は，$\varGamma$-X 軸上の点 X のごく近傍にある。点 X は $\{1, 0, 0\}$ であり，これと等価は k 点がブリユアン域内に全部で 6 個存在するため，伝導帯の電子は等価な 6 個の伝導帯底近傍に存在する。つまり，結晶 Si 中では伝導帯の底の

---

† 肩付数字は巻末の引用・参考文献番号を示す。

電子は運動エネルギーは 0 であるが，有限の運動量を持つといえる。このため，結晶 Si では，電子が価電子帯から伝導帯の底に励起されるとき，禁制帯幅以上のエネルギーが必要であるだけでなく，運動量の変化が伴う。このような半導体を間接遷移型半導体という。一方，GaAs は，価電子帯上端と伝導帯下端が同じ点 Γ にあり，遷移に運動量変化を伴わない。このような半導体を直接遷移型半導体という。

1.5　k　空　間

　固体物理では，波数ベクトル k という変数が頻繁に現れるが，k 空間の概念がわかりにくいために，つまずきやすい。ここでは，k 空間と実空間を比較しながら，結晶に現れるさまざまな物理量を扱う際に k 空間を導入する理由を説明する。k は物理量の空間変化を波で表したとき，それを特徴づける波数であり，長さの逆の次元を持つ。また，大きさが波数となるベクトルを波数ベクトルという。結晶では原子が周期性を持って配列していることもあり，周期系の物理量を表すときに k は便利な変数である。以下，周期的な量をフーリエ級数で表し，それが結晶とどのように関連するか説明する。

1.5.1　フーリエ級数

　まず，一次元について説明し，その後，三次元に拡張する。フーリエ級数とは，変数 x の周期関数を $\cos kx$，$\sin kx$ の形の，いろいろな波数 k の重ね合わせとして表したものである。周期 a の関数を考えると，n を整数として

$$f(x + na) = f(x) \tag{1.5}$$

が成り立つ。$f(x)$ を

$$\exp\left(i\,\frac{2\pi}{a}\,mx\right) \quad (m = 0,\ \pm 1,\ \pm 2,\ \pm 3,\ \cdots) \tag{1.6}$$

という波の重ね合わせで

$$f(x) = \sum_m A_m \exp\left(i\,\frac{2\pi}{a}\,mx\right) \tag{1.7}$$

と表したものを，$f(x)$ のフーリエ級数という。これは，式 (1.5) の周期性を満たしている。x 空間での格子点は，**図 1.7**(a) に示す点列 na である。この格子点に対して，図 1.7(b) に示す $2\pi/a$ を単位とする点列 $(2\pi/a) \times m$ を逆格子点という。

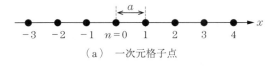
(a) 一次元格子点

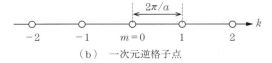
(b) 一次元逆格子点

図 1.7 一次元の格子点と逆格子点

逆格子点は，x 空間の格子点に対応する $\boldsymbol{k}$ 空間での格子点である。これを，$G_m = (2\pi/a) \times m$ と表すと，式 (1.7) は

$$f(x) = \sum_m A_{G_m} \exp(iG_m x) \tag{1.8}$$

$$A_{G_m} = \frac{1}{a}\int_0^a f(x) \exp(-iG_m x) dx \tag{1.9}$$

と書ける。元の関数 f の変数は x であるが，k を変数と考えて G_m での成分の大きさを与えるのが係数 A_{G_m} である。つまり，フーリエ級数展開とは，x 空間の関数 $f(x)$ を，逆空間である $\boldsymbol{k}$ 空間に変換して A_{G_m} で表すといえる。

三次元空間の周期関数として，x，y，z 軸方向にそれぞれ a_x，a_y，a_z の周期を持つ場合を考えると，$f(\boldsymbol{r})$ について

$$f(\boldsymbol{r} + \boldsymbol{R}_n) = f(\boldsymbol{r} + n_x a_x \boldsymbol{e}_x + n_y a_y \boldsymbol{e}_y + n_z a_z \boldsymbol{e}_z) = f(\boldsymbol{r}) \tag{1.10}$$

が成り立つ。$\boldsymbol{e}_x$，$\boldsymbol{e}_y$，$\boldsymbol{e}_z$ は，それぞれ x，y，z 軸方向の単位ベクトルである。これから，G_x，G_y，G_z を成分とする三次元ベクトル $\boldsymbol{G}_m$ を用いて，$f(\boldsymbol{r})$ は

$$f(\boldsymbol{r}) = \sum_m A_{G_m} \exp(i\boldsymbol{G}_m \cdot \boldsymbol{r}) \tag{1.11}$$

$$A_{G_m} = \frac{1}{V_{\text{cell}}} \int_{\text{cell}} f(\boldsymbol{r}) \exp(-i\boldsymbol{G}_m \cdot \boldsymbol{r}) d\boldsymbol{r} \tag{1.12}$$

と表せる。この場合，k 空間で表した量には G_m の周期性がある。

1.5.2 逆　　格　　子

半導体の物性を k 空間で表すのに，逆格子の概念が必要となる。実空間において，三つの基本ベクトル $(a_1,\ a_2,\ a_3)$ で決まるブラベ格子の逆格子の基本ベクトル $(b_1,\ b_2,\ b_3)$ は

$$b_i = 2\pi \frac{a_j \times a_k}{a_i \cdot (a_j \times a_k)} \tag{1.13}$$

で与えられる。このとき，逆格子点 G_m は

$$G_m = m_1 b_1 + m_2 b_2 + m_3 b_3 \tag{1.14}$$

で表せる。式 (1.13) は，ある格子の基本ベクトルから逆格子を求めるのに使われる。もう一つの表し方が，ブラベ格子のすべての格子点 R_n について

$$\exp(i G_m \cdot R_n) = 1 \tag{1.15}$$

を満たすすべての G_m の集合が，そのブラベ格子の逆格子である性質を利用する方法である。これは，逆格子が満たすべき条件から逆格子を求めるやり方である。

　面心立方格子を例に，式 (1.13) を用いて，逆格子を求めてみる。**図 1.8** に示す面心立方格子の基本ベクトルは，式 (1.16) で与えられる。

$$\left.\begin{aligned}
a_1 &= \frac{a}{2}\,(e_y + e_z) \\
a_2 &= \frac{a}{2}\,(e_z + e_x) \\
a_3 &= \frac{a}{2}\,(e_x + e_y)
\end{aligned}\right\} \tag{1.16}$$

これより，その逆格子ベクトルは，式 (1.17) となる。

$$\left.\begin{aligned}
b_1 &= \frac{2\pi}{a}\,(-e_x + e_y + e_z) \\
b_2 &= \frac{2\pi}{a}\,(e_x - e_y + e_z) \\
b_3 &= \frac{2\pi}{a}\,(e_x + e_y - e_z)
\end{aligned}\right\} \tag{1.17}$$

1. 結晶構造とエネルギーバンド構造

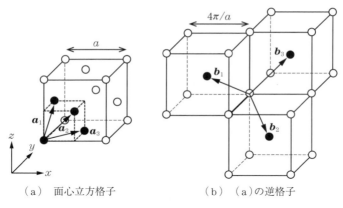

（a） 面心立方格子　　　　（b） （a）の逆格子

図1.8　格子定数 a の面心立方格子とその逆格子

式 (1.17) は，体心立方格子の基本ベクトルとなっている。このため，実空間で面心立方格子の逆格子は，体心立方格子になっているといえる。

式 (1.17) を式 (1.14) に入れて確認する。

$$\boldsymbol{G}_m = \frac{2\pi}{a}[(-m_1 + m_2 + m_3)\boldsymbol{e}_x + (m_1 - m_2 + m_3)\boldsymbol{e}_y$$
$$+ (m_1 + m_2 - m_3)\boldsymbol{e}_z] \tag{1.18}$$

これから，$|\boldsymbol{G}_m|$ の小さいほうをいくつか選ぶと，$2\pi/a$ を単位として $[0, 0, 0]$，$[\pm 1, \pm 1, \pm 1]$，$[\pm 2, 0, 0]$，$[0, \pm 2, 0]$，$[0, 0, \pm 2]$，…となる。

これらが，面心立方格子の逆格子点に相当する。

つぎに，式 (1.15) から逆格子点を導くことにする。この式は，結晶の X 線回折と関係する。回折現象では，波数ベクトル $\boldsymbol{k}$ の波が入射し，$\boldsymbol{k} + \boldsymbol{G}$ の波が出てくる。このとき，結晶内部では，電子密度分布 $n(\boldsymbol{r})$ によって散乱が起こり，回折強度は，式 (1.19) で示す F の 2 乗に比例する。この F を構造因子と呼び，積分を単位胞内で行う。

$$F = \int_{\text{cell}} n(\boldsymbol{r}) \exp(-\boldsymbol{G} \cdot \boldsymbol{r}) \, d\boldsymbol{r} \tag{1.19}$$

単位胞内に複数の原子がある場合を考える。j 番目の原子の位置を $\boldsymbol{r}_j$ とし，この原子の電子密度を n_j とすると

$$n(\boldsymbol{r}) = \sum_j n(\boldsymbol{r} - \boldsymbol{r}_j) \tag{1.20}$$

これを式 (1.19) に入れて，$\boldsymbol{\rho} = \boldsymbol{r} - \boldsymbol{r}_j$ を用いると

$$\begin{aligned}
F &= \int_{\text{cell}} n(\boldsymbol{r}) \exp\left(-\boldsymbol{G} \cdot \boldsymbol{r}\right) d\boldsymbol{r} \\
&= \sum_j \exp\left(-\boldsymbol{G} \cdot \boldsymbol{r}_j\right) \int_{\text{cell}} n(\boldsymbol{\rho}) \exp\left(-\boldsymbol{G} \cdot \boldsymbol{\rho}\right) d\boldsymbol{\rho} \\
&= \sum_j f_j \exp\left(-\boldsymbol{G} \cdot \boldsymbol{r}_j\right)
\end{aligned} \tag{1.21}$$

ここで，$f_j = \int_{\text{cell}} n(\boldsymbol{\rho}) \exp\left(-\boldsymbol{G} \cdot \boldsymbol{\rho}\right) d\boldsymbol{\rho}$ は，原子形状因子と呼ばれる。

式 (1.21) に式 (1.15) が含まれている。

式 (1.14) および (1.21) より

$$F = \sum_j f_j \exp\left[-i2\pi(m_1 x_j + m_2 y_j + m_3 z_j)\right] \tag{1.22}$$

面心立方格子では，図 1.8 の黒円で示す (0, 0, 0)，(0, 1/2, 1/2)，(1/2, 0, 1/2)，(1/2, 1/2, 0) の四つの座標を式 (1.22) に代入して

$$\begin{aligned}
F = f\{ &1 + \exp\left[-i2\pi(m_1 + m_2)\right] \\
&+ \exp\left[-i2\pi(m_2 + m_3)\right] \\
&+ \exp\left[-i2\pi(m_3 + m_1)\right]\}
\end{aligned} \tag{1.23}$$

式 (1.23) で，F が 0 でないときに回折が生じる。回折が生じるのは，(m_1, m_2, m_3) の組み合わせとして，(0, 0, 0)，(± 1, ± 1, ± 1)，(± 2, 0, 0)，(0, ± 2, 0)，(0, 0, ± 2)，…となり，式 (1.13) から求めたものと一致することがわかる。つまり，回折は逆格子点で生じるといえる。

1.5.3 ブリユアン域

$\boldsymbol{G} = 0$ の点と近接逆格子点を結ぶ線の垂直二等分面で囲まれる最小体積を第一ブリユアン域という。または，ほかのどの逆格子点よりも，$\boldsymbol{G} = 0$ の点に近い逆格子空間の点の集まりといってもよい。実空間で，ある格子点から見て，近くにある格子点との間を結ぶ線の垂直二等分面によって囲まれる最小の領域を，その格子のウイグナー・サイツセルと呼ぶが，$\boldsymbol{k}$ 空間の第一ブリユア

ン域は，実空間のウイグナー・サイツセルに対応する $\boldsymbol{k}$ 空間の領域である。ブリユアン域の境界面は，$\boldsymbol{k}^2 = (\boldsymbol{k} + \boldsymbol{G})^2$，すなわち

$$2\boldsymbol{k} \cdot \boldsymbol{G} + \boldsymbol{G}^2 = 0 \tag{1.24}$$

で与えられる。これは，$\boldsymbol{k} \cdot (-\boldsymbol{G}/2) = (-\boldsymbol{G}/2)$ と書き直せるので，原点と $-\boldsymbol{G}$ を結ぶ垂直二等分面上に $\boldsymbol{k}$ があることを意味する（図 1.9）。面心立方格子のブリユアン域は，図 1.10 に示すように，体心立方格子のウイグナー・サイツセルと同じ形になる。ブリユアン域の対称性のよい点には，Γ, Δ, X などの名称がついている。

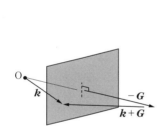
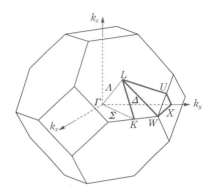

図 1.9　ブリユアン域の境界面　　図 1.10　面心立方格子のブリユアン域

$\boldsymbol{k}$ 空間の原点（点 Γ）と任意の逆格子点を結ぶ線の垂直二等分面は，ブラッグ面と呼ばれる。図 1.11 に，二次元正方格子で第一ブリユアン域の 4 倍の領域内に現れるすべてのブラッグ面を示す（第一～第三ブリユアン域はその全領域が含まれるが，第四～第六までは，一部しか含まれないことに注意）。

第一ブリユアン域とは，原点からブラッグ面を一つも横切らずに到達できる $\boldsymbol{k}$ 点の集まりといえる。第二ブリユアン域とは，ブラッグ面を一つだけ横切って到達できる点の集まりである。一般に，第 $(n+1)$ ブリユアン域とは，原点から n 個のブラッグ面を横切って到達する $\boldsymbol{k}$ 点の集合である。波数ベクトルが大きくて第一ブリユアン域の外にある場合でも（例えば，図 1.11 の $\boldsymbol{k}_2$），それを逆格子ベクトルだけズラして，つねに第一ブリユアン域内の $\boldsymbol{k}_1$ に移行

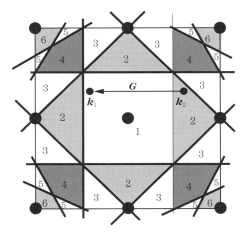

図 1.11 二次元正方格子のブラッグ面(黒線)と第一〜第六ブリユアン域(黒点は格子点を示す。)

できる。この性質が,1.6 節で有効であることがわかる。

1.6 エネルギーバンドとは

　固体物性の主役は電子であり,エネルギーバンドはその舞台である。ここでは,まず,ポテンシャルが 0 という仮想的な結晶を取り上げ,そのバンド構造を求める。つぎに,結晶ポテンシャルが非常に小さいとして,その影響を摂動として取り入れる。その結果,エネルギーギャップが生じ,金属と絶縁体の区別が可能になることを示す。

1.6.1　1 電子のシュレディンガー方程式

　結晶とは,複数の電子を持つ原子が狭い空間に凝集してできたものである。結晶の電子密度は 10^{22}〜$10^{23}\,\mathrm{cm}^{-3}$ 個程度であり,その中で電子の振る舞いを求めることは多体問題を解くことであるが,その電子状態を 1 電子近似で考える。1 電子近似とは,ある電子に注目し,それ以外の電子や結晶の影響をポテンシャル $V(\boldsymbol{r})$ に押し込む方法である。このように,1 電子問題へ単純化する

16 　1．結晶構造とエネルギーバンド構造

ことによって，シュレディンガー（Schrödinger）方程式を解くことが可能になる。

　結晶中の1電子状態は，シュレディンガー方程式

$$\left[-\frac{\hbar^2}{2m}\left(\frac{\partial^2}{\partial x^2}+\frac{\partial^2}{\partial y^2}+\frac{\partial^2}{\partial z^2}\right)+V(\boldsymbol{r})\right]\varphi_k(\boldsymbol{r})=E\varphi_k(\boldsymbol{r}) \tag{1.25}$$

によって決まる。$\varphi_k(\boldsymbol{r})$ は電子の波動関数，E はエネルギーである。$V(\boldsymbol{r})$ は電子に働くポテンシャルで，結晶ポテンシャルと呼ぶ。結晶ポテンシャルは，格子と同じ並進対称性と同じ周期を持つ周期関数であり

$$V(\boldsymbol{r}+\boldsymbol{R}_n)=V(\boldsymbol{r}) \tag{1.26}$$

が成り立つ。ここで，$\boldsymbol{R}_n$ は格子点を表す。

　結晶ポテンシャルは，二つの部分から構成される。規則的に配列したイオンが生み出すポテンシャルと，電子同士の相互作用が生み出すものである。前者は

$$V(\boldsymbol{r})=\sum_n v(\boldsymbol{r}-\boldsymbol{R}_n) \tag{1.27}$$

と書ける。$v(\boldsymbol{r}-\boldsymbol{R}_n)$ は，格子点 $\boldsymbol{R}_n$ にある一つのイオンが位置 $\boldsymbol{r}$ に作るポテンシャルである。実際には，電子－電子相互作用があるため多体問題となるが，相互作用の主要部分を1電子に作用するポテンシャルと考える。

　$V(\boldsymbol{r})$ の具体的な形を決めることはきわめて難しい。しかし，その形を知らなくても，式 (1.26) で示す結晶の周期性からエネルギーバンドの一般的な性質を説明することができる。

1.6.2　ブロッホの定理

　周期的な結晶ポテンシャル $V(\boldsymbol{r})$ に対する式 (1.25) の解は

$$\varphi_k(\boldsymbol{r})=\exp(i\boldsymbol{k}\cdot\boldsymbol{r})u_k(\boldsymbol{r}) \tag{1.28}$$

の形に書ける。このとき，$u_k(\boldsymbol{r})$ は格子と同じ周期を持つ，というのがブロッホの定理である。したがって

$$u_k(\boldsymbol{R}_n+\boldsymbol{r})=u_k(\boldsymbol{r}) \tag{1.29}$$

が成り立つ。式 (1.28) の形を，ブロッホ関数と呼ぶ。ブロッホ関数は，自由電子の運動を表す平面波 $\exp{(i\boldsymbol{k}\cdot\boldsymbol{r})}$ と，単位胞ごとに周期的な関数 $u_k(\boldsymbol{r})$ との積である。このため，次式が成り立つ。

$$\varphi_k(\boldsymbol{R}_n + \boldsymbol{r}) = \exp{(i\boldsymbol{k}\cdot\boldsymbol{r})}\exp{(i\boldsymbol{k}\cdot\boldsymbol{R}_n)}u_k(\boldsymbol{r}) = \exp{(i\boldsymbol{k}\cdot\boldsymbol{R}_n)}\varphi_k(\boldsymbol{r})$$

$$(1.30)$$

このブロッホの定理は固体物理の最も基本となるもので，多くの事実が，この定理から導かれる。ブロッホの定理を満たす結晶内の電子状態をブロッホ状態，その電子をブロッホ電子という。式 (1.30) は，座標が格子ベクトル $\boldsymbol{R}_n$ だけ移動したとき，波動関数の位相の変化を $\boldsymbol{k}\cdot\boldsymbol{R}_n$ で与えるような波数ベクトル $\boldsymbol{k}$ が存在することを意味している。つまり，単位胞よりも大きな空間範囲で波動関数の変化を与えるのが平面波の部分であり，その意味で，包絡関数という。単位胞内での波動関数の変化は，$u_k(\boldsymbol{r})$ で与えられる。つまり，ブロッホ関数は，各イオンの近くで原子の波動関数に似ていて，結晶全体というスケールでの変化を見ると，波数 $\boldsymbol{k}$ の平面波の性質を持っているといえる。

式 (1.25) が解け，その結果を $E(\boldsymbol{k})$ とすると，$E(\boldsymbol{k})$ は $\boldsymbol{k}$ に対して連続的になる。これがエネルギーバンドである。バンドは，$\boldsymbol{k}$ の大きさと方向によって異なる。

1.6.3 空格子のエネルギーバンド

結晶を構成する原子のまわりには，周期的なポテンシャルが存在する。エネルギーバンド構造を理解する際には，まず，結晶ポテンシャルの大きさは限りなく 0 であるが，結晶構造はあるとするモデルで概要をつかむのがよい。このようなモデルを空格子という。その後，原子の位置にわずかにポテンシャルが存在するとして，解説していく。空格子とは，原子の位置にポテンシャルがなく，周期性だけが残っているという仮想的なモデルであり，$V(\boldsymbol{r}) = 0$ として式 (1.25) は，つぎのようになる。

$$-\frac{\hbar^2}{2m}\left(\frac{\partial^2}{\partial x^2} + \frac{\partial^2}{\partial y^2} + \frac{\partial^2}{\partial z^2}\right)\varphi_k(\boldsymbol{r}) = E\varphi_k(\boldsymbol{r}) \qquad (1.31)$$

18　　1. 結晶構造とエネルギーバンド構造

これが，自由電子近似で，エネルギーバンドを考える際の出発点になる。

面心立方格子を例として，空格子バンドを求める。ここで，前に扱った $\boldsymbol{k}$ 空間が登場する。面心立方格子のブリユアン域は，図 1.10 で示したように，正八面体で k_x，k_y，k_z 軸上の六つのコーナーを切り落とした形である。

式 (1.31) の解（エネルギーと波動関数）は，$\boldsymbol{k}$，$\boldsymbol{G}_m$ で決まる任意の逆格子点について，つぎのようになる。

$$E(\boldsymbol{k}) = \frac{\hbar^2}{2m} |\boldsymbol{k} + \boldsymbol{G}_m|^2 \tag{1.32}$$

$$\varphi_k(\boldsymbol{r}) = \exp\left(i\boldsymbol{k}\cdot\boldsymbol{r}\right) \exp\left(i\boldsymbol{G}_m\cdot\boldsymbol{r}\right) \tag{1.33}$$

まず，ブリユアン域の中心点 $\boldsymbol{k} = (0, 0, 0)$ で，エネルギーと波動関数を求める。

面心立方格子の逆格子ベクトルを，その大きさ $|\boldsymbol{G}_m|$ が小さい順にあげると，1.5.2 項で導出したように，$2\pi/a$ を単位として，[0, 0, 0]，[1, 1, 1]，[2, 0, 0]，… であり（以下，そのように表す），これらはすべて第一ブリユアン域の中にある。上記三つの $\boldsymbol{G}_m$ に対するエネルギーは，$(\hbar^2/2m)(2\pi/a)^2$ を単位として，それぞれ 0，3，4 となる。つぎに，$k = 0$ で $E = 0$，3，4 となる分散関係を具体的に求める。$k = 0$ で $E = 0$ となる分散関係を，点 Γ から点 X に向かう方向で求める。このとき，$k = [x, 0, 0]$（$0 \leq x \leq 1$）である。

（1）　$E = 0$ のとき

$\boldsymbol{G} = [0, 0, 0]$ では，$E = x^2$

（2）　$E = 3$ のとき

$\boldsymbol{G} = [1, \pm 1, \pm 1]$ では，$E = (x + 1)^2 + 2$

$\boldsymbol{G} = [-1, \pm 1, \pm 1]$ では，$E = (x - 1)^2 + 2$

（3）　$E = 4$ のとき

$\boldsymbol{G} = [\pm 2, 0, 0]$ では，$E = (x \pm 2)^2$

$\boldsymbol{G} = [0, \pm 2, 0]$ および $[0, 0, \pm 2]$ では，$E = x^2 + 4$

つぎに，点 Γ から点 L に向かう方向で求める。このとき，$k = [x, x, x]$（$0 \leq x \leq 0.5$）である。

$G = [0, 0, 0]$ では，$E = 3x^2$

$G = [\pm 1, \pm 1, \pm 1]$ では，$E = 3(x \pm 1)^2$

$G = [1, \pm 1, \mp 1]$ では，$E = 2(x+1)^2 + (x-1)^2$

$G = [-1, \pm 1, \mp 1]$ では，$E = (x+1)^2 + 2(x-1)^2$

$G = [\pm 2, 0, 0], [0, \pm 2, 0], [0, 0, \pm 2]$ では，$E = (x \pm 2)^2 + 2x^2$

これらを，**図 1.12** に示す。

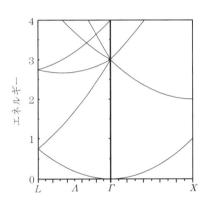

図 1.12 面心立方格子の空格子のバンド構造（縦軸のエネルギーは，$(\hbar^2/2m)(2\pi/a)^2$ を単位とする。）

同じやり方を用いて，もっと大きな逆格子ベクトルに対するエネルギーを知ることができる。バンドを完全に記述するには，第一ブリユアン域のすべての点でエネルギー $E(\boldsymbol{k})$ を示す必要がある。しかし，実際には，[100]や[111]などの対称性の高い方向をいくつか代表に選んで，エネルギーギャップの有無や全体像を把握する。必要に応じて第一ブリユアン域をさらに細かい領域に分割して，各点で計算する。

1.6.4　ほとんど自由な電子のバンドにおけるエネルギーギャップ

1.6.3項で求めた自由電子の状態に，結晶ポテンシャルとして摂動を取り入れ，自由電子の状態がどのように変化するかを調べる。まず，一次元結晶を取り上げ，つぎに，それを三次元結晶に拡張する。

〔1〕　一次元の場合

N 個のイオンが等間隔 a で並んでいて，周期的境界条件が成り立っている

20　　1.　結晶構造とエネルギーバンド構造

とする。位置 x における波動関数を自由電子の解である平面波を使って，式
(1.34) に示すように展開する。

$$\varphi(x) = \frac{1}{\sqrt{L}}\sum_{k'}C(k')\exp{(ik'x)} \tag{1.34}$$

これを式 (1.31) に代入して

$$\sum_{k'}C_k\Big[-\frac{\hbar^2}{2m}\frac{d^2}{dx^2} + V(x)\Big]\frac{1}{\sqrt{L}}\exp{(-ik'x)}$$

$$= E\sum_{k'}C_{k'}\frac{1}{\sqrt{L}}\exp{(-ik'x)}$$

$$\sum_{k'}C_k[E_{k'} + V(x)]\frac{1}{\sqrt{L}}\exp{(-ik'x)} = E\sum_{k'}C_{k'}\frac{1}{\sqrt{L}}\exp{(-ik'x)}$$

さらに，$(1/\sqrt{L})\exp(ikx)$ を各項の左から掛けて，x について 0 から L まで
積分する。

$$\sum_{k'}E_kC_{k'}\frac{1}{L}\int_0^L e^{i(k'-k)x}dx + \sum_{k'}C_{k'}\frac{1}{L}\int_0^L V(x)e^{i(k'-k)x}dx$$

$$= E\sum_{k'}C_{k'}\frac{1}{L}\int_0^L e^{i(k'-k)x}dx \tag{1.35}$$

右辺は EC_k である。これは，積分が $k' = k$ 以外は 0 となるためである。同
様にして，左辺第 1 項は C_kE_k となる。左辺第 2 項はやや複雑である。いま，
イオンは間隔 a で配置しているので

$$V(x) = \sum_{n=0}^{N-1}v(x - na) \tag{1.36}$$

また，$x' = x - na$ と置くと，式 (1.35) の左辺第 2 項は，つぎのように変
形できる。

$$\sum_{k'}C_{k'}\frac{1}{L}\int_0^{L}\sum_{n=0}^{N-1}v(x - na)e^{i(k'-k)x}dx$$

$$= \sum_{k'}C_{k'}\sum_{n=0}^{N-1}\frac{1}{L}\int_0^L v(x')e^{i(k'-k)(x'+na)}dx'$$

$$= \sum_{k'}C_{k'}\sum_{n=0}^{N-1}e^{i(k'-k)na}\frac{1}{L}\int_0^L v(x')e^{i(k'-k)x'}dx'$$

$k' - k = G_m = (2\pi/a)\times m$ のとき以外は，上式は 0 となる。この性質を利

用し変形して

$$（上式） = \sum_m C_{k+G_m} \sum_{n=0}^{N-1} e^{iG_m na} \frac{1}{L} \int_0^L v(x') e^{iG_m x'} dx'$$

$$= \sum_m C_{k+G_m} N \frac{1}{Na} \int_0^a v(x') e^{-iG_m x'} dx'$$

$$= \sum_m C_{k+G_m} \frac{1}{a} \int_0^a v(x') e^{-iG_m x'} dx'$$

$$= \sum_m C_{k+G_m} V_{G_m}, \quad V_{G_m} = \frac{1}{a} \int_0^a v(x') e^{-iG_m x'} dx'$$

ここでは，$v(x')$ が $x' = 0$ 付近でのみ値を持つとした。

以上より，式 (1.35) は，つぎのようにまとめられる。

$$C_k(E_k - E) + \sum_m C_{k+G_m} V_{G_m} = 0 \tag{1.37}$$

ここで，C_k と C_{k+G_m} に関する式は，つぎのようになる。

まず，$m = 0$，1 の場合

$$C_k(E_k - E) + C_k V_0 + C_{k+G} V_G = C_k(E_k - E + V_0) + C_{k+G} V_G = 0 \tag{1.38}$$

ここで，G_0 を 0 と，G_1 を G と置いた。

$m = 0$，-1 の場合

$$C_k(E_k - E) + C_k V_0 + C_{k-G} V_{-G} = C_k(E_k - E + V_0) + C_{k-G} V_{-G} = 0 \tag{1.39}$$

ここで，G_{-1} を $-G$ と置いた。

ここで，$k - G \to k$ と書き換えて

$$C_k V_{-G} + C_{k+G}(E_{k+G} - E + V_0) = 0 \tag{1.40}$$

式 (1.38) および (1.40) より，E を求める。

$$E = V_0 + \frac{1}{2}(E_k + E_{k+G}) \pm \frac{\sqrt{(E_k - E_{k+G})^2 + 4|V_G|^2}}{2} \tag{1.41}$$

第一ブリユアン域の境界，つまり，$\boldsymbol{k} = -\boldsymbol{G}/2$ では

$$E = V_0 + E_{G/2} \pm |V_G| \tag{1.42}$$

つまり，**図 1.13** に示すように，$2|V_G|$ の大きさのエネルギーギャップが開く

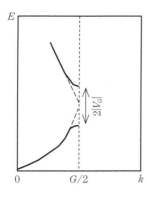

図 1.13 一次元結晶で第一ブリユアン域の境界で，エネルギーギャップが生じる様子の概念図

ことがわかる。

〔2〕 三次元の場合

波動関数をつぎのように展開して，式 (1.31) に導入する。

$$\varphi_k(\boldsymbol{r}) = \sum_m C_{k+G_m} e^{i(\boldsymbol{k}+\boldsymbol{G}_m)\cdot\boldsymbol{r}} \qquad (1.43)$$

すると，一次元の式 (1.37) に対応する式 (1.44) が得られる。

$$\left[\frac{\hbar^2}{2m}(\boldsymbol{k}+\boldsymbol{G}_m)^2 - E\right]C_{k+G_m} + \sum_{m'} V_{G_{m'}-G_m} C_{k+G_{m'}} = 0 \qquad (1.44)$$

ある $\boldsymbol{k}$ の状態は，逆格子ベクトルだけ異なる状態と結びついている。$E(\boldsymbol{k})$ は，いろいろな $\boldsymbol{k}$ に対して，係数 C が作る行列式が 0 という条件から決まる。エネルギーギャップは，$E(\boldsymbol{k}) = E(\boldsymbol{k}+\boldsymbol{G}_m)$ のとき，つまり，$\boldsymbol{k}^2 = (\boldsymbol{k}+\boldsymbol{G}_m)^2$ を満たす $\boldsymbol{G}_m$ が存在する $\boldsymbol{k}$ で生じることを示しており，$\boldsymbol{k}\cdot(-\boldsymbol{G}_m/2) = (-\boldsymbol{G}_m/2)^2$ を満たす $\boldsymbol{k}$，つまり，ブリユアン域の境界にエネルギーギャップが生じることがわかる。物質のエネルギーバンド構造を計算するには，式 (1.44) で十分多くの $\boldsymbol{G}_m$ を取り入れる必要がある。図 1.14 に，このようにして計算した結晶 Si のエネルギーバンド構造の例を示す。

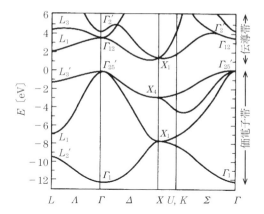

図 1.14 結晶 Si のエネルギーバンド構造[2]

章 末 問 題

〈**A**〉 結晶 Si について,以下の問いに答えよ。

（1） 結晶 Si の Si–Si 原子間距離を格子定数 a で表せ。また,各 Si 原子から 4 方向に延びる結合間の角度を求めよ。

（2） 結晶 Si の密度を求めよ。

（3） 図 1.14 のエネルギーバンド構造のうち,U および K が指す方向を定めよ。

（4） 伝導帯の最少点は,〈100〉方向にある。等価な価電子帯谷は,全体でいくつあるか。

（5） 伝導帯底付近のエネルギーは,次式で表せる。

$$E = \frac{\hbar^2}{2}\left(\frac{k_x^2}{m_x{}^*} + \frac{k_y^2}{m_y{}^*} + \frac{k_z^2}{m_z{}^*}\right)$$

上の式を E–k 空間での楕円体と捉える。長径と短径の比が 5:1 であるとき,長径方向の有効質量 $m_l{}^*$ と短径方向の有効質量 $m_t{}^*$ の比を求めよ。

〈**B**〉 結晶に X 線を入射すると,ブラッグ（Bragg）の法則を満足する方向に回折が生じる。ミラー指数が hkl で表される回折強度が,構造因子 F を使って $|F|^2$ と表せることを用い,以下の問いに答えよ。ただし,F は,式 (1.21) で示したように,単位格子内の構成原子からの散乱波の和で与えられる。

（1） X 線回折に使用する X 線は,加速した電子を金属板に衝突して得られる特

性X線である。特性X線の発生機構を説明せよ。

(2) 面心立方格子の単位格子は，格子定数を単位とすると，(0, 0, 0)，(1/2, 1/2, 0)，(1/2, 0, 1/2)，(0, 1/2, 1/2)にある四つの原子からなる。このとき，構造因子が次式で表せることを示せ。
$$F = f[1 + \exp\{\pi i(h+k)\} + \exp\{\pi i(k+l)\} + \exp\{\pi i(l+h)\}]$$
また，回折X線の強度が0になるh, k, lの条件を求めよ。

(3) **問図1.1**は，波長0.154 nmのX線を使った場合に得られるKBr結晶およびKCl結晶の粉末X線回折パターンである。両者とも立方晶で，200反射は$2\theta = 27°$付近に観測される。これからKBrの格子定数を求めよ。ただし，$2\theta = 27°$のとき，$\sin\theta = 0.23$とする。

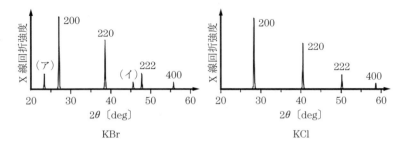

問図1.1 KBrおよびKCl粉末のθ-2θX線回折パターン

(4) KBrの構造因子Fを，KとBrの散乱因子をそれぞれf_K, f_{Br}として求めよ。ただし，KBrはイオン結晶で，K^+とBr^-がそれぞれ面心立方格子を組んでいる。単位格子の中には各4個の原子を含み，K^+の位置は格子定数を単位として，(0, 0, 0)，(1/2, 1/2, 0)，(1/2, 0, 1/2)，(0, 1/2, 1/2)に，また，Br^-は(1/2, 1/2, 1/2)，(0, 0, 1/2)，(0, 1/2, 0)，(1/2, 0, 0)の位置にある。

(5) KBrのX線回折パターンのうち，問図1.1の(ア)，(イ)のミラー指数を求めよ。また，これらが，ほかの回折ピークと比べて弱い理由を説明せよ。

(6) KClの格子定数はKBrとは異なるものの，その結晶構造はKBrと同様に，K^+とCl^-がそれぞれ面心立方格子を組んでいる。しかし，問図1.1に示すように，KClの粉末X線回折パターンは，KBrとは異なる。この理由を説明せよ。

2. 半導体物性の基礎

2.1 は じ め に

　半導体の特徴は，不純物をドープすることで電気伝導を担うキャリヤ（carrier）の密度を制御できることである。

　本章では，まず，不純物が入っていない100％純粋な（したがって，実際には存在しない）半導体を取り上げ，電気伝導を担う電子およびホール密度がどのように表せるのか学ぶ。その後，不純物をドープした場合のキャリヤ密度がフェルミ準位を使って表せることを学ぶ。ここでは，単にキャリヤ密度だけでなく，キャリヤ密度にエネルギー分布があることを理解することが重要である。これが，3章で扱うダイオードの電流電圧特性の導出につながる。その後，光学遷移の基本形として，発光に関わる自然放出と誘導放出を，さらに，光吸収について単純な2準位モデルで理解する。その後，現実的なモデルとして禁制帯内に局在準位がある場合を考え，キャリヤの再結合と生成過程がどのように変化するかを見る。最後に，半導体を流れる電流の表式を導出する。

2.2 真性半導体のキャリヤ密度・キャリヤ密度のエネルギー分布

2.2.1 状 態 密 度

半導体のキャリヤ密度を求める際，伝導帯および価電子帯の状態密度を用い

26   2. 半導体物性の基礎

る。状態密度とは，エネルギー E と $E + dE$ の間に許される電子の状態の密度である。例えば，伝導帯の状態密度 $D_e(E)$ は，エネルギー E と $E + dE$ の間に許される状態の数 $N(E)$ と物質の体積 V から，$dN(E) = V \times D_e(E)dE$ と記述できる。

半導体中の電子の振る舞いはシュレディンガー方程式を満たす波動関数で表され，電子の状態は量子数で指定される。半導体内の電子を 1 電子近似で記述すると，電子の量子数は波数で与えられ，波数空間における点により電子の状態が指定できる。

電子が一辺の長さ L の立方体に閉じ込められていて，この立方体内では自由に動けるとすると，電子の波動関数 $\varphi(\boldsymbol{r})$ は式 (2.1) の解となる。

$$-\frac{\hbar^2}{2m_e}\left(\frac{\partial^2}{\partial x^2} + \frac{\partial^2}{\partial y^2} + \frac{\partial^2}{\partial z^2}\right)\varphi_k(\boldsymbol{r}) = E\varphi_k(\boldsymbol{r}) \tag{2.1}$$

解は平面波 $\varphi_k(\boldsymbol{r}) = \exp(i\boldsymbol{k}\boldsymbol{r})$ で表される。このとき，周期的境界条件から

$$k_x, \ k_y, \ k_z = \frac{2\pi}{L}m \quad (m = 0, \ \pm 1, \ \pm 2, \ \cdots) \tag{2.2}$$

これは，$\boldsymbol{k}$ の値が $\boldsymbol{k}$ 空間の k_x, k_y, k_z 方向において $2\pi/L$ の間隔で離散的な値のみ許容されることを意味する。つまり，$\boldsymbol{k}$ 空間の体積 $(2\pi/L)^3$ に一つの状態が存在する。一つの k に対してスピンの異なる二つの状態（up スピンと down スピン）が許されることを考えると，$\boldsymbol{k}$ 空間の単位体積当り $2\times(L/2\pi)^3$ 個の電子の状態が存在するといえる。よって，半径 k の球体中の状態数 $N(E)$ は，つぎのように記述される。

$$N(E) = 2 \times \left(\frac{L}{2\pi}\right)^3 \times \frac{4\pi}{3}k^3 = \frac{k^3}{3\pi^2}V \tag{2.3}$$

これより，$D_e(E)$ は次式で表される。

$$D_e(E) = \frac{1}{V}\frac{dN(k)}{dE} = \frac{1}{V}\frac{dN(k)}{dk}\frac{dk}{dE} = \frac{4m_e k}{h^2} = 4\pi\frac{(2m_e)^{3/2}}{h^3}\sqrt{E} \tag{2.4}$$

2.2.2 電子およびホール密度

不純物をまったく含まない理想的な半導体を真性半導体(intrinsic semiconductor)と呼ぶ。図 2.1 に示すとおり、絶対零度($T=0\,\mathrm{K}$)では、価電子帯はすべて電子でつまっている。また、伝導帯には電子が存在しないため、真性半導体は絶縁体であるといえる。$T>0\,\mathrm{K}$ では、価電子帯の電子が伝導帯に熱励起されるため、自由に動くことが可能なキャリヤが発生する。このとき、伝導帯の電子(electron)と価電子帯のホール(hole)は必ずペアで生成するため、伝導帯の電子密度 n と価電子帯のホール密度 p は等しい。以下、伝導帯の電子を単に電子と記述するが、価電子帯の電子とは、区別する必要がある。

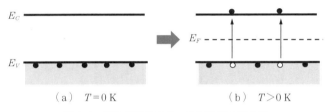

図 2.1 真性半導体のキャリヤ励起の概念図

電子に比べてホールの概念を理解することは簡単ではないが、つぎのように考えることができる。価電子帯には、電子の伝導帯への熱励起によって、それまでつまっていた準位に電子の"空き"状態が生じるため、価電子帯の電子が価電子帯内の"空き"に向けて遷移できるようになる。これは、価電子帯内の電子が移動する視点で見た場合である。ここで、もう一つ別の見方がある。そのような"空き"の状態に、ほかの電子が遷移すると、もともとその遷移した電子がいた状態に"空き"が移動することになる。このことを、一つの"空き"が電子の遷移とは逆方向に遷移したと捉える見方である。半導体では、このような"空き"状態を、電子と反対の正の電荷を持つキャリヤとして理解し、そのようなキャリヤをホールと呼ぶ。伝導帯下端のエネルギーを E_c、価電子帯上端のエネルギーを E_v とすると、伝導帯の電子のエネルギーの最小値は E_c であり、電子のエネルギーが大きくなるとは、伝導帯を上に移動することを意味する。反対に、ホールのエネルギーの最小値は E_v であり、ホールの

エネルギーが大きくなるとは，価電子帯を下に移動することを意味する．

2.2.3 キャリヤ密度のエネルギー分布

電子密度 n は，図 2.2 に示すとおり，伝導帯の電子状態密度 $D_e(E)$ とフェルミ・ディラック（Fermi-Dirac）分布関数 $f_e(E)$ の積を，伝導帯の下端 E_C から上端 E_C^{top} まで積分することで求められる．

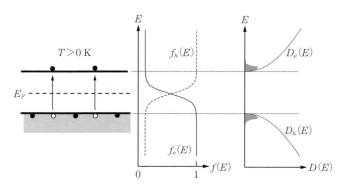

図 2.2 真性半導体における $f_e(E)$ と $f_h(E)$ および $D_e(E)$ と $D_h(E)$ のエネルギー分布の模式図（灰色領域の面積が，キャリヤ密度に相当する．E_F はフェルミ準位を表す．）

また，ホールの分布関数 $f_h(E)$ は $1 - f_e(E)$ で与えられ，同様にホールの状態密度 $D_h(E)$ との積を積分することでホール密度 p を求めることができる．

電子密度は，次式で表せる．

$$n = \int_{E_C}^{E_C^{\text{top}}} D_e(E) f(E) dE \tag{2.5}$$

$$n = \int_{E_C}^{E_C^{\text{top}}} D_e(E) f(E) dE = 4\pi \left(\frac{2m_e}{h^2}\right)^{3/2} \int_{E_C}^{E_C^{\text{top}}} \frac{\sqrt{E - E_C}}{1 + \exp\left(\dfrac{E - E_F}{k_B T}\right)} dE \tag{2.6}$$

ここで，E_F はフェルミ準位であり，実用的な多くの半導体で $E_C - E_F > 3k_B T$ である．このとき，$E' = E - E_C$ と置き，さらに，$x^2 = E'/k_B T$ と変数変換することで，つぎのように近似できる．

$$n = 4\pi\left(\frac{2m_e}{h^2}\right)^{3/2}\exp\left(-\frac{E_C - E_F}{k_B T}\right)\int_0^\infty \sqrt{E'}\exp\left(-\frac{E'}{k_B T}\right)dE'$$

$$= 4\pi\left(\frac{2m_e}{h^2}\right)^{3/2}\exp\left(-\frac{E_C - E_F}{k_B T}\right)\cdot 2(k_B T)^{3/2}\int_0^\infty x^2\exp\left(-x^2\right)dx$$

$$= 2\left(\frac{2\pi k_B T m_e}{h^2}\right)^{3/2}\exp\left(-\frac{E_C - E_F}{k_B T}\right)$$

$$= N_C\exp\left(-\frac{E_C - E_F}{k_B T}\right), \quad N_C = 2\left(\frac{2\pi k_B T m_e}{h^2}\right)^{3/2} \tag{2.7}$$

ここで，$\int_0^\infty x^2\exp\left(-x^2\right)dx = \sqrt{\pi}/4$ を用いた。また，N_C を伝導帯実効状態密度という。

同様にして，ホール密度は，つぎのように求められる。

$$p = \int_{E_V^{\text{bottom}}}^{E_V}D_h(E)[1 - f(E)]dE$$

$$= 4\pi\left(\frac{2m_h}{h^2}\right)^{3/2}\int_{E_V^{\text{bottom}}}^{E_V}\sqrt{E_V - E}\left[1 - \frac{1}{1 + \exp\left(\dfrac{E - E_F}{k_B T}\right)}\right]dE$$

$$= 4\pi\left(\frac{2m_h}{h^2}\right)^{3/2}\int_{E_V^{\text{bottom}}}^{E_V}\sqrt{E_V - E}\left[\frac{1}{1 + \exp\left(\dfrac{E_F - E}{k_B T}\right)}\right]dE$$

ここで，$E_F - E_V > 3k_B T$ のとき，$E'' = E_V - E$ と置き，さらに，$y^2 = E''/k_B T$ と変数変換することで，つぎのように近似できる。

$$p = 4\pi\left(\frac{2m_h}{h^2}\right)^{3/2}\exp\left(-\frac{E_F - E_V}{k_B T}\right)\int_{E_V^{\text{bottom}}}^{E_V}\sqrt{E''}\exp\left(-\frac{E''}{k_B T}\right)dE''$$

$$= 2\left(\frac{2\pi k_B T m_h}{h^2}\right)^{3/2}\exp\left(-\frac{E_V - E_F}{k_B T}\right)$$

$$= N_V\exp\left(-\frac{E_V - E_F}{k_B T}\right), \quad N_V = 2\left(\frac{2\pi k_B T m_h}{h^2}\right)^{3/2} \tag{2.8}$$

N_V を価電子帯実効状態密度という。

導出した n および p を用いて，真性キャリヤ密度 n_i は，つぎのように記述できる。

30　2. 半導体物性の基礎

$$n_i = n = p, \ np = n_i{}^2 = N_C N_V \exp\left(-\frac{E_C - E_V}{k_B T}\right)$$

より

$$n_i = \sqrt{N_C N_V} \exp\left(-\frac{E_g}{2 k_B T}\right) \tag{2.9}$$

式 (2.9) から，np 積は半導体の E_g と温度のみにより決まるといえる。結晶 Si は，300 K で n_i の値は約 $10^{10}\,\mathrm{cm}^{-3}$ である。また，E_F の位置について，$n = p$ より

$$E_F = E_i = \frac{E_g}{2} + \frac{3}{4} k_B T \ln\!\left(\frac{m_h}{m_e}\right) \tag{2.10}$$

が得られる。これより，真性半導体では，E_F は禁制帯幅のほぼ中央に位置しているといえる。ここで，E_i を真性フェルミ準位と呼ぶ。

さらに，n_i を用いると，n および p はつぎのようにも記述できる。

$$n = n_i \exp\left(\frac{E_F - E_i}{k_B T}\right), \ \ p = n_i \exp\left(\frac{E_i - E_F}{k_B T}\right) \tag{2.11}$$

2.3　不純物ドープ半導体のキャリヤ密度・キャリヤ密度のエネルギー分布

不純物をドープした半導体の例として，結晶 Si を取り上げる。結晶 Si では，価電子 4 個を持つ Si 原子が，ほかの四つの Si 原子と共有結合を形成し，正四面体構造の中心と各頂点に Si 原子が位置するダイヤモンド構造を形成する。

2.3.1　n 型 半 導 体

このとき，結晶 Si を構成する Si 原子のほんのわずか（$10^3 \sim 10^6$ 個に 1 個程度）を P 原子で置換する。P 原子の価電子数は 5 であり，結晶 Si との結合に関与する 4 個の価電子のほかに 1 個の価電子が余分にある。この価電子は，正に帯電した P イオンによりクーロン力を受けて束縛されていると考えることができる。結晶 Si の比誘電率は約 12 と大きいため，クーロン力による束縛は

強くない。そのため，結晶 Si の温度が上がると容易に束縛から逃れ，結晶 Si 内を自由に動き回れる伝導電子になることができる。このような半導体を n 型半導体と呼ぶ。この様子の概念図を，**図 2.3** に示す。このように，結晶 Si にキャリヤとなる伝導電子を供給するため，P 原子のことをドナー不純物と呼ぶ。ドナー不純物には，P 原子のほかにも，同じ 15 族元素の As や Sb がある。

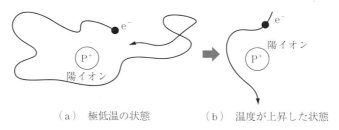

（a）　極低温の状態　　　　（b）　温度が上昇した状態

図 2.3　不純物原子に価電子 1 個が束縛された状態および束縛から逃れて自由電子（e^-）になった状態の概念図

上記の電子がリンイオン（P^+）に束縛された状態は，自由に結晶内を動き回れる伝導電子に比べて，束縛エネルギー分だけエネルギーが低い状態といえる。これを，**図 2.4** のように，ドナー準位（E_D）に電子が存在するとして表す。温度上昇に伴い，ドナー不純物の束縛から逃れて伝導帯に励起された電子が現れる。伝導帯の電子は電気伝導を担う。このとき，電子密度はどのように表せるだろうか。それには，ドナー準位に存在する電子密度を求める必要がある。

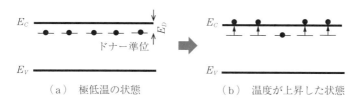

（a）　極低温の状態　　　　（b）　温度が上昇した状態

図 2.4　ドナー準位が電子で埋まっている状態と，ドナー準位から伝導帯へ電子が励起された状態

ドナー密度を N_D，ドナー準位に束縛された電子密度を n_D とすると，電荷の中性条件より

$$n_{n0} = N_D^+ + p_{n0} \tag{2.12}$$

ここで，n_{n0} および p_{n0} は，それぞれ熱平衡時における n 型半導体中の電子およびホール密度である。n 型半導体の電子およびホールを，それぞれ多数キャリヤおよび少数キャリヤと呼ぶ。ヘルムホルツの自由エネルギー $F = U - TS$ は，n_D 個の電子を N_D の状態に割り振る場合の数 W を与える。ここで，U は内部エネルギー，S はエントロピーである。ドナー準位に電子が入るとき，up スピンまたは down スピンの電子 1 個のみが入ることができる。一般に，縮退度を g_D とすると，$S = k_B \ln W$ より

$$F = E_D n_D - k_B T \ln \left(g_D{}^{n_D} \frac{N_D!}{n_D!(N_D - n_D)!} \right)$$

$$= E_D n_D - n_D k_B T \ln g_D - k_B T [N_D \ln N_D - n_D \ln n_D$$
$$- (N_D - n_D) \ln (N_D - n_D) - \ln n_D + \ln (N_D - n_D)]$$

ここで，スターリングの近似 $\ln N! \approx N \ln N - N$ を用いた。

よって

$$E_F = \frac{\partial F}{\partial n_D} = E_D - k_B T \ln \left(g_D \frac{N_D - n_D}{n_D} \right)$$

より

$$n_D = \frac{N_D}{1 + \dfrac{1}{g_D} \exp \left(\dfrac{E_D - E_F}{k_B T} \right)} \tag{2.13}$$

よって

$$N_D{}^+ = N_D - n_D = \frac{N_D}{1 + g_D \exp \left(- \dfrac{E_D - E_F}{k_B T} \right)} \tag{2.14}$$

2.3.2 電子密度のエネルギー分布

熱平衡状態では，式 (2.12) で，一般に $n_{n0} \gg p_{n0}$ である。

したがって

$$n_{n0} \cong N_D{}^+ = \frac{N_D}{1 + g_D \exp \left(- \dfrac{E_D - E_F}{k_B T} \right)} \tag{2.15}$$

2.3 不純物ドープ半導体のキャリヤ密度・キャリヤ密度のエネルギー分布

$E_D - E_F$ が $k_B T$ に比べて十分大きいときは，$n_{n0} \cong N_D$，つまり，不純物が100％イオン化していると考えることができる．実用的な半導体は，室温付近で使うため，n_{n0} はほぼ N_D に等しいと近似することができる．n_{n0} は N_D の増加とともに増えるため，式 (2.7) より N_D の増加とともに E_F は E_C に近づくといえる．このときの分布関数 $f_e(E)$，$f_h(E)$ および状態密度 $D_e(E)$，$D_h(E)$ の模式図を，図 2.5 に示す．

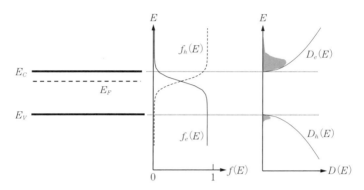

図 2.5 n 型半導体における $f_e(E)$ と $f_h(E)$ および $D_e(E)$ と $D_h(E)$ エネルギー分布の模式図 (灰色領域の面積を比べると，$n_{n0} \gg p_{n0}$ であることがわかる．)

それでは，半導体の温度が室温から極端に低い場合または高い場合には，n_{n0} はどのように表せるだろうか．図 2.6 に，n_{n0} の温度変化の概略図を示す．電子の励起機構により，三つの温度領域に分けることができる．高温側の領域①は真性領域と呼ばれ，価電子帯から伝導帯へ励起される電子密度がドナー不純物の密度を上回り，式 (2.12) で，$n_{n0}, p_{n0} \gg N_D^+$ の場合である．このとき

$$n_{n0} = p_{n0} \cong \sqrt{N_C N_V} \exp\left(-\frac{E_g}{2k_B T}\right) \tag{2.16}$$

E_F は禁制帯の真ん中に近づき，真性半導体として振る舞う．

中程度の温度領域②は出払い領域と呼ばれ，ドナー準位に電子がほとんど存在しない．このとき

$$n_{n0} \cong N_D \tag{2.17}$$

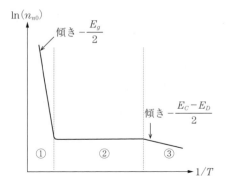

図 2.6 n 型半導体の電子密度 n_{n0} の温度変化の概略図

出払い領域の温度幅は，ドナー準位の位置による。

低温領域③では，ある割合で電子がドナー準位に束縛された状態にある。式 (2.12) より，$n_{n0} \cong N_D^+$ とすると，式 (2.15) より

$$\exp\left(-\frac{E_D - E_F}{k_B T}\right) = \frac{N_D - n_{n0}}{g_D n_{n0}} \tag{2.18}$$

式 (2.7) より

$$\exp\left(-\frac{E_C - E_F}{k_B T}\right) = \frac{n_{n0}}{N_C} \tag{2.19}$$

$N_D \gg n_{n0}$ とすると，式 (2.18) および (2.19) より

$$n_{n0} = \sqrt{\frac{N_C N_D}{g_D}} \exp\left(-\frac{E_C - E_D}{2k_B T}\right) \tag{2.20}$$

これを式 (2.18) に代入して

$$E_F = \frac{E_C + E_D}{2} + \frac{k_B T}{2} \ln\left(\frac{N_D}{g_D N_C}\right) \tag{2.21}$$

いずれの温度域においても，ホール密度は $p_{n0} = n_i^2/n_{n0}$ から求められる。

2.3.3　p 型 半 導 体

結晶 Si を構成する Si 原子のほんのわずか（$10^3 \sim 10^6$ 個に 1 個程度）を B 原子で置換する。B 原子の価電子数は 3 であり，結晶 Si との結合に関与する 4

個の価電子のうち1個が不足している。このため，不足分の価電子は，隣接原子の価電子が補うと考えると，そこに電子不足が生じる。この状況を正の電荷を持つ荷電粒子（ホール）が負に帯電したBイオン（B⁻）の周囲にクーロン力により束縛されていると捉え，**図 2.7**のような概念図で考えることができる。このように，結晶 Si にキャリヤとなるホールを供給するため，B 原子のことをアクセプタ不純物と呼ぶ。ドナー不純物には，B 原子のほかにも，同じ 13 族元素の Al や Ga がある。

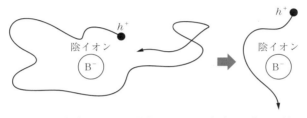

(a) 極低温の状態　　　(b) 温度が上昇した状態

図 2.7 不純物原子にホール1個が束縛された状態および束縛から逃れてホール（h^+）になった状態の概念図

これを，**図 2.8** のように，アクセプタ準位（E_A）にホールが存在するとして表す。温度上昇に伴い，アクセプタ不純物の束縛から逃れて価電子帯に励起されたホールが現れる。価電子帯のホールは電気伝導を担う。または，価電子帯の電子が E_A に励起され，その結果，ホールが価電子帯に現れると考えることも可能である。ホール密度は，アクセプタ不純物の密度により制御でき，このような半導体をp型半導体と呼ぶ。このとき，ホール密度は，n型半導体で電

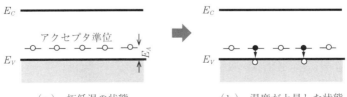

(a) 極低温の状態　　　(b) 温度が上昇した状態

図 2.8 アクセプタ準位がホールで埋まっている状態と，アクセプタ準位から価電子帯へホールが励起された状態

36　　2. 半導体物性の基礎

子密度を求めたのと同じ方法で計算することができる。

アクセプタ密度を N_A，アクセプタ準位に束縛されたホール密度を p_A とする。電荷の中性条件より

$$p_{p0} = N_A^- + n_{p0} \tag{2.22}$$

ここで，p_{p0} および n_{p0} は，それぞれ熱平衡時における p 型半導体中のホールおよび電子密度である。

アクセプタ準位の縮退度を g_A とすると，式 (2.22) から

$$p_A = \frac{N_A}{1 + \dfrac{1}{g_A} \exp\left(-\dfrac{E_A - E_F}{k_B T}\right)} \tag{2.23}$$

熱平衡状態では，式 (2.22) で，$p_{p0} \gg n_{p0}$ である。

したがって

$$p_{p0} \cong N_A^- = N_A - p_A = \frac{N_A}{1 + g_A \exp\left(\dfrac{E_A - E_F}{k_B T}\right)} \tag{2.24}$$

2.3.4　ホール密度のエネルギー分布

$E_A - E_F$ が $k_B T$ に比べて十分小さいときは，$p_{p0} \cong N_A$，つまり，不純物が 100 % イオン化していると考えることができる。実用的な半導体は，室温付近で使うため，p_{p0} はほぼ N_A に等しいと近似することができる。p_{p0} は N_A の増加とともに増えるため，式 (2.8) より E_F は E_A に近づくといえる。このときの分布関数 $f_e(E)$，$f_h(E)$ および状態密度 $D_e(E)$，$D_h(E)$ の模式図を，**図 2.9** に示す。

n 型半導体で導出したように，p 型半導体においてもホール密度を，図 2.6 の三つの領域に分けることができる。

真性領域では

$$p_{p0} = n_{p0} \cong \sqrt{N_C N_V} \exp\left(-\frac{E_g}{2k_B T}\right) \tag{2.25}$$

出払い領域では，アクセプタ準位にホールはほとんど存在せず

$$p_{p0} \cong N_A \tag{2.26}$$

2.3 不純物ドープ半導体のキャリヤ密度・キャリヤ密度のエネルギー分布

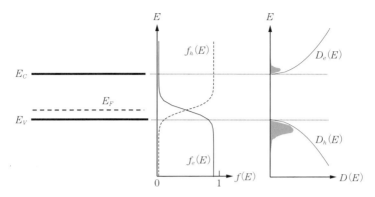

図 2.9 p 型半導体における $f_e(E)$ と $f_h(E)$ および $D_e(E)$ と $D_h(E)$ エネルギー分布の模式図（灰色領域の面積を比べると，$p_{p0} \gg n_{p0}$ であることがわかる。）

低温領域では，ある割合でホールがアクセプタ準位に束縛された状態にある。式 (2.22) で，$p_{p0} \cong N_A^-$ とすると，式 (2.24) より

$$\exp\left(\frac{E_A - E_F}{k_B T}\right) = \frac{N_A - p_{p0}}{g_A p_{p0}} \tag{2.27}$$

式 (2.8) より

$$\exp\left(-\frac{E_F - E_V}{k_B T}\right) = \frac{p_{p0}}{N_V} \tag{2.28}$$

$N_A \gg p_{p0}$ とすると，式 (2.27) および (2.28) より

$$p_{p0} = \sqrt{\frac{N_V N_A}{g_A}} \exp\left(-\frac{E_A - E_V}{2 k_B T}\right) \tag{2.29}$$

これを式 (2.27) に代入して

$$E_F = \frac{E_V + E_A}{2} + \frac{k_B T}{2} \ln\left(\frac{g_A N_V}{N_A}\right) \tag{2.30}$$

いずれの温度域においても，電子密度は $n_{p0} = n_i^2 / p_{p0}$ から求められる。

図 2.10 に，Si および GaAs における各種不純物の不純物準位の実測値を示す。禁制帯の中央より下の準位のエネルギーは，価電子帯上端からの数値であり，D と標記されているもの以外はアクセプタ準位である。中央よりも上の準位のエネルギーは伝導帯底からの値であり，A と標記されているもの以外

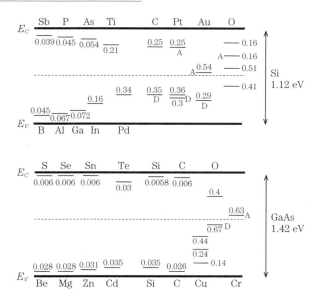

図 2.10 SiおよびGaAsにおける不純物準位[1]（禁制帯の中央より下の準位のエネルギーは価電子帯上端からの数値であり，Dと標記されているもの以外はアクセプタ準位である．中央よりも上の準位のエネルギーは伝導帯底からの数値であり，Aと標記されているもの以外はドナー準位である．）

はドナー準位である．例えば，Si中のAuは，禁制帯中央に深い準位を形成する．また，酸素は，二つのドナー準位と二つのアクセプタ準位を形成する．一方，GaAs中のSiは，GaとAsのどちらを置換するかに依存して，ドナーにもアクセプタにもなる．このような元素を両性不純物と呼ぶ．

2.4 光学遷移の基本形

2.4.1 自然放出，誘導放出，光吸収

半導体デバイスでは，**図 2.11** に示す自然放出，誘導放出，光吸収の三つのプロセスがどのように生じるのか理解することが重要である．ここでは，まず，単位体積に電子が1個のみ存在する2準位のモデルを取り上げ，これらを概説する．

2.4 光学遷移の基本形

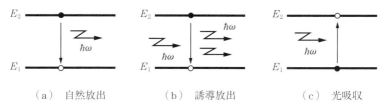

(a) 自然放出　　(b) 誘導放出　　(c) 光吸収

図 2.11 自然放出，誘導放出，光吸収を表す 2 準位モデル

〔1〕 自然放出 (spontaneous emission)

外部からなんの刺激がなくても，高エネルギーの電子が低エネルギーへ遷移し，その際，エネルギーの差に相当するエネルギーを持つ光子を放出する現象である。光子のエネルギー $\hbar\omega$ は，次式で与えられる。

$$\hbar\omega = E_2 - E_1 \tag{2.31}$$

E_2 から E_1 へ単位時間当り電子遷移により自然放出が生じる割合 R_{21}^{spon} は，次式で表せる。

$$R_{21}^{\mathrm{spon}} \propto f_2(1-f_1) = A_{21}f_2(1-f_1) \tag{2.32}$$

ここで，f_1 および f_2 は，それぞれエネルギー準位 E_1 および E_2 に電子が存在する確率を表す。また，A_{21} は比例係数である。式 (2.32) で，$1-f_1$ とは，エネルギー準位 E_1 に電子が存在しない確率を表す。つまり，自然放出が起こるには，高エネルギー E_2 に電子が存在し，かつ，低エネルギー準位 E_1 に電子が遷移できる状態があること（つまり，電子がいないこと）が重要である。7 章に登場する発光ダイオード (light emitting diode : LED) の発光原理は自然放出である。

〔2〕 誘導放出 (stimulated emission)

エネルギー準位差に相当するエネルギーを持つ入射光があるとき，高エネルギーの電子が低エネルギーへ遷移する際，入射光と同位相で，かつ，エネルギー準位の差に相当する光子を放出する現象である。エネルギー準位 E_2 から E_1 へ単位時間当り電子遷移により誘導放出が生じる割合 R_{21}^{stim} は，次式で表せる。P_{21} は比例係数である。

$$R_{21}^{\mathrm{stim}} \propto f_2(1-f_1)\rho(E_{21}) = P_{21}f_2(1-f_1)\rho(E_{21}) \tag{2.33}$$

40 　2. 半導体物性の基礎

ここで，$\rho(E_{21})$ は，エネルギー準位差に相当するエネルギーを持つ入射光子密度である。式 (2.33) は式 (2.32) と似ているが，一つだけ違いがある。それは，式 (2.33) には，系に入射する光子密度が入っていることである。つまり，誘導放出が生じるには，あらかじめ光が必要であるといえる。8 章に登場する半導体レーザダイオード (laser doide：LD) の発光原理は誘導放出である。また，laser とは，light amplification by stimulated emission of radiation（誘導放出による光の増幅）の略である。LED で得られる自然放出光と LD から出射される誘導放出光には，その性質に大きな差がある。例えば，LED の光のスペクトル幅は中心波長に比べて数 % から 10 % 程度と広く，そのため，空間的コヒーレンスがないため，レンズで集光しても発光面積以下には小さくできない。しかし，光電変換効率は高く温度変化に対しても安定しているため，照明に広く用いられている。一方，LD の光はスペクトル幅が非常に狭く，波長および位相がそろったコヒーレント光である。波長程度の領域に集光することが可能である。

〔3〕 光吸収 (absorption)

エネルギー準位差に相当するエネルギーを持つ入射光があるとき，低エネルギー準位の電子が光のエネルギーを吸収して高エネルギー準位へ遷移する現象である。エネルギー準位 E_1 から E_2 へ単位時間当り電子が遷移する割合 R_{12}^{abs} は，次式で表せる。

$$R_{12}^{\mathrm{abs}} \propto f_1(1 - f_2)\rho(E_{21}) = P_{12}f_1(1 - f_2)\rho(E_{21}) \tag{2.34}$$

ここで，$\rho(E_{21})$ は，エネルギー準位差に相当するエネルギーを持つ入射光子密度である。式 (2.34) より，光吸収では，低エネルギー準位 E_1 に電子が存在すること (f_1)，かつ，遷移先の高エネルギー準位 E_2 に電子が存在しないこと $(1 - f_2)$ が重要であることがわかる。なお，式 (2.33) に登場する比例係数 P_{21} と式 (2.34) に登場する比例係数 P_{12} は，どちらもエネルギー準位 E_1 および E_2 間の遷移確率を表し，同じ値である。

2.4.2 誘導放出割合を高めるには

熱平衡状態では，$E_2 \rightarrow E_1$ への遷移割合と $E_1 \rightarrow E_2$ への遷移割合がつり

合っている。

$$R_{21}^{\text{spon}} + R_{21}^{\text{stim}} = R_{12}^{\text{abs}} \tag{2.35}$$

$$P_{12} = P_{21} \tag{2.36}$$

正味の誘導放出割合は

$$R_{\text{net}}^{\text{stim}} = R_{21}^{\text{stim}} - R_{12}^{\text{abs}} = P_{21}(f_2 - f_1)\rho(E_{21}) \tag{2.37}$$

また，自然放出割合に対する誘導放出割合は，次式のように表せる。

$$\frac{R_{21}^{\text{stim}}}{R_{21}^{\text{spon}}} = \frac{P_{21}}{A_{21}}\rho(E_{21}) \tag{2.38}$$

これより，誘導放出割合を高めるには，光を閉じ込めて光子密度を上げること，さらに，$f_2 - f_1 > 0$ が必要であるといえる。熱平衡状態では，低エネルギー準位 E_1 に電子が存在する確率 f_1 が，高エネルギー準位 E_2 に電子が存在する確率 f_2 よりも大きくなっている。このため，$f_2 - f_1 > 0$ を実現するためには，共振器構造を導入するなど特別な工夫が必要である。また，$f_2 - f_1 > 0$ を反転分布と呼ぶ。半導体では，pn 接合ダイオードに電流注入をすることで，反転分布を実現できる。

2.5 節では，2 準位系から半導体のバンド構造へと話を展開し，禁制帯をまたぐ電子の遷移を取り上げる。バンド構造では，状態密度とフェルミ・ディラック分布を考慮し，電子の存在を電子密度で，また，電子が存在しない状態をホール密度で表す。

2.5 キャリヤ再結合および生成の過程

熱平衡状態からズレて $pn \neq n_i{}^2$ になると，必ず熱平衡状態に戻ろうとする過程が生じる。例えば，過剰な少数キャリヤを注入した場合，少数キャリヤは多数キャリヤと再結合することで熱平衡状態に戻ろうとする。このとき，光が放射されたり，熱が発生したりするが，それは再結合過程の機構で決まる。ここでは，代表的な三つの再結合過程を取り上げる。

2.5.1 バンド間遷移による再結合

熱平衡状態では,価電子帯の電子が伝導帯に熱励起され,電子・ホール対が生成する〔図2.12(a)〕。また,上記と反対に電子が伝導帯から価電子帯に遷移し,ホールと再結合する再結合過程も存在する。熱平衡状態の下,体積1 cm³内に1秒間に生成される電子・ホール対の生成割合(数)をG_{th}とすると,$G_{th} = R_{th}$ である。ここで,R_{th} は,熱平衡状態での再結合割合である。G_{th} は半導体が決まれば,温度のみに依存する。再結合割合 R は,キャリヤ密度の積に比例し,つぎのように記述できる。

$$R = C_{band}np \tag{2.39}$$

よって,熱平衡状態では

$$R_{th} = G_{th} = C_{band}n_0p_0 = C_{band}n_i^2 \tag{2.40}$$

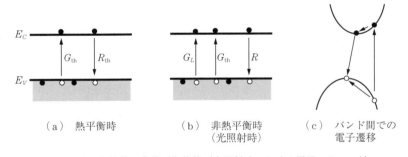

(a) 熱平衡時　(b) 非熱平衡時（光照射時）　(c) バンド間での電子遷移

図 2.12 熱平衡状態,非熱平衡状態（光照射時における電子・ホール対の生成および再結合）,バンド間での電子遷移の様子を表す模式図

ここに,過剰キャリヤが注入されると,再結合により平衡状態に戻ろうとする。光照射により G_L の割合で電子・ホール対が生成する場合〔図2.12(b),(c)〕

$$R = C_{band}pn = C_{band}(p_0 + \Delta p)(n_0 + \Delta n) \tag{2.41}$$

$$G = G_L + G_{th} \tag{2.42}$$

よって,正味の再結合割合 U は

$$U = R - G_{th}(= G_L) \tag{2.43}$$

n型半導体の場合

$$U = C_{band}(n_{n0} + p_{n0} + \Delta p_n)\Delta p_n = C_{band}n_{n0}\Delta p_n \tag{2.44}$$

これを，つぎのように記述する。

$$U = \frac{\Delta p_n}{\tau_p^{\text{band}}}, \quad \tau_p^{\text{band}} = \frac{1}{C_{\text{band}} n_{n0}} \tag{2.45}$$

ここで，τ_p^{band} は少数キャリヤ寿命である。n 型半導体中の少数キャリヤであるホールが，多数キャリヤである電子と再結合して消滅する時間を表す。このように，再結合割合は，熱平衡状態からの少数キャリヤ密度のズレに比例して大きくなること，さらに，多数キャリヤ密度が多いほど大きくなる。直接遷移型半導体では，伝導帯下端と価電子帯上端が同じ波数の点にあるため，間接遷移型半導体に比べて，再結合がすみやかに起こる。このため，半導体の種類により，式 (2.39) の係数 C_{band} が異なるといえる。

2.5.2 禁制帯内の局在準位を介した再結合

つぎに，局在準位を介した再結合を扱う。これは，Shockley-Reed-Hall (SRH) 再結合過程として知られている。図 2.13 は，禁制帯内に単一のエネルギー準位 E_t があるときの，4 種類の基本的な遷移の様子を表す。このエネルギー準位は，電子（ホール）が捕えられていなければ中性，捕えられていれば負（正）に帯電するとする。

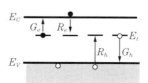

図 2.13 禁制帯内の局在準位 E_t を介した電子およびホールの再生と再結合の概念図

G_e は局在準位からの電子の生成割合を，R_e は局在準位への電子の捕獲割合を表す。また，G_h は局在準位からのホールの生成割合を，R_h は局在準位へのホールの捕獲割合を表す。

44　　2.　半導体物性の基礎

G_e は局在準位に存在する電子密度 n_t に比例するため

$$G_e = \beta_e n_t \tag{2.46}$$

ここで

$$n_t = \frac{N_t}{1 + \exp\left(\dfrac{E_t - E_F}{k_B T}\right)} \tag{2.47}$$

熱平衡状態では，R_e は伝導帯の電子密度 n_{n0} に比例し，局在準位密度 N_t のうち，電子に占有されていない準位密度 $N_t - n_t$ に比例するため

$$R_e \propto n_{n0}(N_t - n_t) \tag{2.48}$$

左右の次元を比較すると，右辺の比例係数は，〔cm^3/s〕＝〔cm/s〕〔cm^2〕の次元を持つ。

このため，R_e はつぎのように書ける。

$$R_e = \sigma_e v_{\mathrm{th}} n_{n0}(N_t - n_t) \tag{2.49}$$

σ_e は電子の捕獲断面積であり，電子が捕獲中心にどれだけ近づけば捕獲されるか目安を与える。おおよそ 10^{-15} cm^2 のサイズである。また，v_{th} は電子の熱速度であり，室温で 10^7 cm/s 程度である。$\sigma_e v_{\mathrm{th}}$ は，断面積 σ_e を有する電子が単位時間に通過する体積と見ることができる。捕獲中心がこの体積の中に存在すれば，電子は捕獲される。

つぎに，G_h は局在準位密度 N_t のうち，電子に占有されていない準位密度 $N_t - n_t$ に比例するため，つぎのように表せる。

$$G_h = \beta_h(N_t - n_t) \tag{2.50}$$

R_h は，価電子帯のホール密度 p_{n0} に比例し，局在準位に捕えられている電子密度 n_t に比例するので

$$R_h = \sigma_h v_{\mathrm{th}} p_{n0} n_t \tag{2.51}$$

ここで，σ_h はホールの捕獲断面積である。

熱平衡状態では，$G_e = R_e$ および $G_h = R_h$ である。

式 (2.48) から式 (2.51) より

$$\beta_e = \sigma_e v_{\text{th}} N_C \exp\left(-\frac{E_C - E_t}{k_B T}\right) \tag{2.52}$$

$$\beta_h = \sigma_h v_{\text{th}} N_V \exp\left(-\frac{E_t - E_V}{k_B T}\right) \tag{2.53}$$

光照射により熱平衡状態から外れたとき，定常状態では，正味の電子生成割合 G は，つぎの関係にある。

$$G = G_e - R_e = G_h - R_h \tag{2.54}$$

これは，未知パラメータ二つ (n_t, G) を含む連立方程式になっている。定常状態では，G と再結合割合 R_{SHR} がつり合っていて，両者は等しい。

式 (2.54) より

$$n_t = \frac{\sigma_e n_n + \sigma_h N_V \exp\left(-\dfrac{E_t - E_V}{k_B T}\right)}{\sigma_e\left[n_n + N_C \exp\left(-\dfrac{E_C - E_t}{k_B T}\right)\right] + \sigma_h\left[p_n + N_V \exp\left(-\dfrac{E_t - E_V}{k_B T}\right)\right]} \tag{2.55}$$

$R_{\text{SRH}} = G_e - R_e$ より

$$R_{\text{SRH}} = \frac{\sigma_e \sigma_h v_{\text{th}} N_t (n_n p_n - n_i{}^2)}{\sigma_e\left[n_n + N_C \exp\left(-\dfrac{E_C - E_t}{k_B T}\right)\right] + \sigma_h\left[p_n + N_V \exp\left(-\dfrac{E_t - E_V}{k_B T}\right)\right]} \tag{2.56}$$

n 型半導体では，$n_n \gg p_n$ である。また，E_t が禁制帯の深い位置にあり，$E_C - E_t \gg k_B T$ であるとすると

$$R_{\text{SRH}} \approx \frac{\sigma_h v_{\text{th}} N_t (n_n p_n - n_i{}^2)}{n_n} \approx \sigma_h v_{\text{th}} N_t \Delta p_n = \frac{\Delta p_n}{\tau_p^{\text{SRH}}}, \quad \tau_p^{\text{SRH}} = \frac{1}{\sigma_h v_{\text{th}} N_t} \tag{2.57}$$

同様な式が，p 型半導体における電子についても得られる。

ここで考えているキャリヤ寿命は，バンド間の再結合寿命と異なり，多数キャリヤ密度に依存せず，局在準位の密度に反比例する。

つぎに，R_{SRH} が局在準位の位置にどのように依存するのか調べる。見通しをよくするため，$\sigma_h = \sigma_e = \sigma_0$ とすると

46   2. 半導体物性の基礎

$$R_{SRH} = \frac{\sigma_0 v_{th} N_t (n_n p_n - n_i{}^2)}{n_n + p_n + N_C \exp\left(-\dfrac{E_C - E_t}{k_B T}\right) + N_V \exp\left(-\dfrac{E_t - E_V}{k_B T}\right)}$$

$$= \frac{\sigma_0 v_{th} N_t (n_n p_n - n_i{}^2)}{n_n + p_n + N_C \exp\left(-\dfrac{E_C - E_i}{k_B T}\right)\exp\left(-\dfrac{E_i - E_t}{k_B T}\right) + N_V \exp\left(-\dfrac{E_i - E_V}{k_B T}\right)\exp\left(\dfrac{E_i - E_t}{k_B T}\right)}$$

$$= \frac{\sigma_0 v_{th} N_t (n_n p_n - n_i{}^2)}{A + B}$$

$$= \frac{\sigma_0 v_{th} N_t (n_n p_n - n_i{}^2)}{n_n + p_n + n_i \exp\left(-\dfrac{E_i - E_t}{k_B T}\right) + n_i \exp\left(\dfrac{E_i - E_t}{k_B T}\right)} = \frac{\sigma_0 v_{th} N_t (n_n p_n - n_i{}^2)}{n_n + p_n + 2 n_i \cosh\left(\dfrac{E_i - E_t}{k_B T}\right)}$$

$$\tag{2.58}$$

ただし

$$A = n_n + p_n + N_C \exp\left(-\frac{E_C - E_F}{k_B T}\right)\exp\left(-\frac{E_F - E_i}{k_B T}\right)\exp\left(-\frac{E_i - E_t}{k_B T}\right)$$

$$B = N_V \exp\left(-\frac{E_i - E_F}{k_B T}\right)\exp\left(-\frac{E_F - E_V}{k_B T}\right)\exp\left(\frac{E_i - E_t}{k_B T}\right)$$

ここで，E_i は真性フェルミ準位であり，禁制帯の中央に位置する。R_{SRH} が最大になるのは分母が最小になるときであり，$E_i - E_t = 0$ のときである。したがって，局在準位が禁制帯の中央付近にあるときに，SRH 再結合が顕著になるといえる。

2.5.3 オージェ再結合

オージェ（Auger）再結合とは，電子およびホールのうち，三つのキャリヤが関係する再結合である。その再結合割合 R_{Auger} は，つぎのように表せる。

$$R_{Auger} = C_{Auger}(n + p)(np - n_i{}^2) \tag{2.59}$$

C_{Auger} はオージェ再結合係数と呼ばれる。オージェ再結合過程では，**図 2.14**に示すように，伝導帯または価電子帯の深いエネルギー準位に励起されるキャリヤが関与しており，そのようなエネルギーでは，状態密度は多くの半導体で大変大きい。このため，C_{Auger} の値は半導体のバンド構造にあまり依存せず，

2.5 キャリヤ再結合および生成の過程

図 2.14 オージェ再結合の概念図

$10^{-30} \sim 10^{-31}\,\mathrm{cm}^6/\mathrm{s}$ である.

n 型半導体では

$$R_{\mathrm{Auger}} = C_{\mathrm{Auger}} n_n^2 \Delta p_n = \frac{\Delta p_n}{\tau_n}, \quad \tau_n = \frac{1}{C_{\mathrm{Auger}} n_{n0}^2} \tag{2.60}$$

p 型半導体では

$$R_{\mathrm{Auger}} = C_{\mathrm{Auger}} p_p^2 \Delta n_p = \frac{\Delta n_p}{\tau_p}, \quad \tau_p = \frac{1}{C_{\mathrm{Auger}} p_{p0}^2} \tag{2.61}$$

式 (2.60), (2.61) より, オージェ再結合は多数キャリヤ密度の2乗に比例するため, 多数キャリヤ密度が大きい場合に顕著になるといえる.

2.5.4 光吸収によるキャリヤ生成

半導体に禁制帯幅よりも高いエネルギーを持つ光子が入射すると, 価電子帯の電子が光のエネルギーを吸収して伝導帯に遷移する. 単一エネルギー $\hbar\omega$ の光子が $1\,\mathrm{cm}^2$ 当り 1 秒当り Φ_0 個入射するとき, 半導体の表面から深さ x の位置を通過する光子密度 $\Phi(x)\,[\mathrm{cm}^{-2}\cdot\mathrm{s}^{-1}]$ は, 光吸収係数 $\alpha\,[\mathrm{cm}^{-1}]$ を使って, つぎのように表せる.

$$\Phi(x) = (1-R)\Phi_0 \exp(-\alpha x) \tag{2.62}$$

ここで, R は反射率である. α の大きさは, 半導体のバンド構造で決まり, 一般に直接遷移型半導体で大きな値を取る. 図 2.15 に示すように, 価電子帯の電子が光のエネルギーを吸収し, 運動量の保存を満足するように同じ波数を維持しながら伝導帯に遷移する. その後, 電子は極短時間に伝導帯下端に, また, ホールは価電子帯上端にフォノンを放出しながら移動する.

2. 半導体物性の基礎

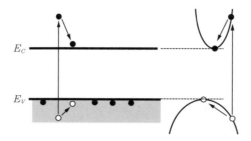

図 2.15 価電子による光のエネルギーの吸収過程の概念図

半導体中の光子数の減少の概念図を，**図 2.16** に示す。光が深さ x から $x + \Delta x$ に進む間に減少する光子数が，生成する電子・ホール対の数に等しいと考えられる。深さ x における生成割合を $G(x)$ とすると，一次元モデルでつぎのように表せる。

$$[\Phi(x) - \Phi(x + \Delta x)]S = G(x)S\Delta x \tag{2.63}$$

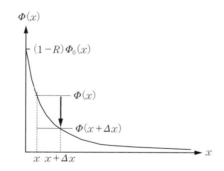

図 2.16 光吸収に伴う半導体中の光子数の減少の概念図

ここで，S は光子が垂直方向に通過する面積である。よって

$$G(x) = -\frac{d\Phi(x)}{dx} = (1-R)\Phi_0 \alpha \exp(-\alpha x) \tag{2.64}$$

これより，光吸収係数が大きい材料で生成割合が大きいといえる。

光吸収によってn型半導体では，電子とホール密度が増える。このとき，光励起で生じるキャリヤ密度が多数キャリヤ密度よりも小さいとき，

$n_n = n_{n0} + \Delta n = n_{n0}$ であるが，$p_n = p_{n0} + \Delta p(=\Delta n) = \Delta p$ となり，少数キャリヤ密度が熱平衡時に比べて格段に大きくなる。熱平衡状態では，E_F が一つのため n_{n0} が決まれば p_{n0} も決まったが，非熱平衡状態では n_n と p_n はどのように決まるのであろうか。このようなとき，擬フェルミ準位 E_{Fn} および E_{Fp} を用いて，つぎのように表す。

$$n_n = N_C \exp\left(-\frac{E_C - E_{Fn}}{k_B T}\right), \quad p_n = N_V \exp\left(-\frac{E_{Fp} - E_V}{k_B T}\right) \quad (2.65)$$

これより，**図 2.17** に示すように，多数キャリヤの E_{Fn} は熱平衡時の位置とほぼ同じであるが，少数キャリヤの E_{Fp} は大きくズレることがわかる。

図 2.17 光吸収に伴う半導体中の E_{Fn} および E_{Fp} の概念図

また，式 (2.65) より

$$\begin{aligned} n_n p_n &= N_C N_V \exp\left(-\frac{E_C - E_V}{k_B T}\right) \exp\left(\frac{E_{Fn} - E_{Fp}}{k_B T}\right) \\ &= n_i{}^2 \exp\left(\frac{E_{Fn} - E_{Fp}}{k_B T}\right) \end{aligned} \quad (2.66)$$

これより，図 2.17 で，電子とホールの擬フェルミ準位の差が大きいほど，熱平衡状態のキャリヤ密度から大きくズレていることを示すといえる。

2.6 キャリヤ輸送

ここでは，半導体のキャリヤ輸送を一次元のモデルを使って考える。電子電流密度 $J_e(x)$ とホール電流密度 $J_h(x)$ は，それぞれの擬フェルミ準位の空間分布により，ボルツマンの輸送方程式から，つぎのように導出されることが知られている。

$$J_e(x) = \mu_e n \frac{dE_{Fn}}{dx}, \quad J_h(x) = \mu_h p \frac{dE_{Fp}}{dx} \tag{2.67}$$

ここで，μ_e および μ_h は，それぞれ電子およびホールの移動度〔$cm^2/(V \cdot s)$〕である。

これから，図 2.18 で示すように，エネルギーの基準に対して，x 軸方向に真空準位 E_{vac}，電子親和力 $q\chi$，E_C，E_{Fn} が変化している場合を取り上げ，$J_e(x)$ を表す式を導出する。図 2.18 より

$$E_{vac} = E_{Fn} + E_C - E_{Fn} + q\chi \tag{2.68}$$

よって

$$E_{Fn} = E_{vac} - (E_C - E_{Fn}) - q\chi \tag{2.69}$$

$$\frac{dE_{Fn}}{dx} = \frac{dE_{vac}}{dx} - \frac{d}{dx}(E_C - E_{Fn}) - q\frac{d\chi}{dx} \tag{2.70}$$

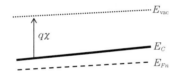

図 2.18 任意の半導体におけるエネルギーアライメント

ここで

$$\frac{dE_{vac}}{dx} = -q\frac{d}{dx}(\phi) = q\Im \tag{2.71}$$

$\Im$ は電場である。式 (2.7) より

$$\frac{dn(x)}{dx} = \exp\left(-\frac{E_C - E_{Fn}}{k_B T}\right)\frac{dN_C}{dx}$$

$$+ N_C \cdot \left(-\frac{1}{k_B T}\right)\frac{d}{dx}(E_C - E_{Fn})\exp\left(-\frac{E_C - E_{Fn}}{k_B T}\right)$$

$$= \frac{n(x)}{N_C}\frac{dN_C}{dx} - \frac{n(x)}{k_B T}\frac{d}{dx}(E_C - E_{Fn})$$

$$= n(x)\frac{d}{dx}\ln N_C - \frac{n(x)}{k_B T}\frac{d}{dx}(E_C - E_{Fn})$$

よって

$$-\frac{d}{dx}(E_C - E_{Fn}) = \frac{k_B T}{n(x)}\frac{dn(x)}{dx} - k_B T\frac{d}{dx}\ln N_C \tag{2.72}$$

以上より

$$\begin{aligned}
J_e(x) &= \mu_e n(x)\left[\frac{dE_{\text{vac}}}{dx} - \frac{d}{dx}(E_C - E_{Fn}) - q\frac{d\chi}{dx}\right]\\
&= \mu_e n(x)\left[q\Im - q\frac{d\chi}{dx} - k_B T\frac{d}{dx}\ln N_C + \frac{k_B T}{n(x)}\frac{dn(x)}{dx}\right]\\
&= q\mu_e n(x)\left[\Im - \frac{d\chi}{dx} - \frac{k_B T}{q}\frac{d}{dx}\ln N_C + \frac{k_B T}{qn(x)}\frac{dn(x)}{dx}\right]\\
&= q\mu_e n(x)\left[\Im - \frac{d\chi}{dx} - \frac{k_B T}{q}\frac{d}{dx}\ln N_C\right] + \mu_e k_B T\frac{dn(x)}{dx}\\
&= q\mu_e n(x)(\Im + \Im') + qD_e\frac{dn(x)}{dx}, \quad \Im' = -\frac{d\chi}{dx} - \frac{k_B T}{q}\frac{d}{dx}\ln N_C
\end{aligned}$$
$$\tag{2.73}$$

ここで，D_e は拡散係数〔cm^2/s〕であり，移動度とは $D_e = (k_B T/q)\mu_e$ の関係がある。また，$\Im'$ は実効的な場であり，右辺第 1 項はドリフト電流を，第 2 項は拡散電流を表す。式 (2.73) から，電子親和力や実効状態密度が空間で一様でないとき，電場と同じ作用をする実効的な場が生じ，ドリフト電流が流れるといえる。均質な半導体では，式 (2.73) はつぎのように簡単になる。

$$J_e(x) = q\mu_e n(x)\Im + qD_e\frac{dn(x)}{dx} \tag{2.74}$$

同様にして，$J_h(x)$ はつぎのように表せる。

$$J_h(x) = q\mu_h p(x)(\Im + \Im'') - qD_h\frac{dp(x)}{dx} \tag{2.75}$$

$$\Im'' = -\frac{d}{dx}(E_g + q\chi) + \frac{k_B T}{q}\frac{d}{dx}\ln N_V \tag{2.76}$$

$\Im''$ は実効的な場であり，$J_e(x)$ と同様に，右辺第 1 項はドリフト電流を，第 2 項は拡散電流を表す。式 (2.75) から，電子親和力や実効状態密度が空間で一様でないとき，電場と同じ作用をする実効的な場が生じ，ドリフト電流が流れるといえる。均質な半導体では，式 (2.75) はつぎのように簡単になる。

$$J_h(x) = q\mu_h p(x)\mathfrak{E} - qD_h \frac{dp(x)}{dx} \tag{2.77}$$

2.7 欠　　　陷

　2.5.2項で取り上げた半導体結晶において，禁制帯内部の局在準位が生じるおもな原因は，格子欠陥，不純物，オージェ再結合である。この中でも，格子欠陥が最も顕著な非発光再結合の原因となる。格子欠陥の代表格は転位（dislocation）である。表2.1(a)に示すように，結晶格子のズレている方向が転位線と直角方向の場合には，刃状転位（edge disclocation）という。一方，表2.1(b)に示すように，転位線と同じ方向の場合には，らせん転位（screw dislocation）と呼ぶ。すべての形状の転位は，刃状転位とらせん転位の合成として表現できる。

表2.1　半導体結晶に発生する代表的な欠陥

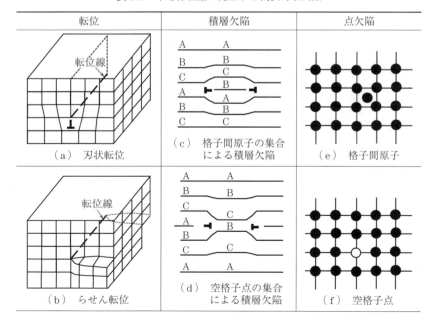

2.8 ホ ー ル 効 果　　*53*

　刃状転位の部分では，原子間の結合を担う手が余っている。この状態はダングリング・ボンド（dangling bond）と呼ばれる。また，転位の近くでは格子がひずんでいるため，正常な部分における状態とは異なっている。その結果，直接遷移型半導体では，電子とホールの再結合時に放出されるエネルギーが格子振動に使われて，発光しないことがある。転位は，結晶成長過程および素子作製中に，高温プロセスでひずみが加わった場合に発生しやすい。もろい結晶で作製した発光素子では，動作時にこれらの転位を基にして転位が増殖し，激しい劣化を引き起こす。

　転位を伴った結晶欠陥として，表2.1(c)，(d)に示す積層欠陥（stacking fault）がある。そこでは，規則正しい格子面（A, B, C）が局所的に1面多いか，少ないために結晶の配列が乱れている。正常な格子と積層欠陥の境界には必ず刃状転位が存在するため，積層欠陥も非発光再結合の原因となる。積層欠陥は，結晶成長の過程および高温での素子作製工程で導入される。

　1原子単位の欠陥として，表2.1(e)，(f)に示す格子間原子（interstitial atom）と空格子点（vacancy）といわれる点欠陥（point defect）がある。表2.1(c)に示すように，正規の原子位置の間に原子が位置する場合が格子間原子であり，正規の場所に原子がない場合が空格子点である。いずれの場合も，電子の束縛状態に影響を与えるため，非発光再結合の中心となりえる。格子間原子や空格子点は，結晶成長，熱処理，イオン注入の過程で発生することが多い。

2.8　ホ ー ル 効 果

　半導体中のキャリヤの移動度およびキャリヤ密度の測定法に，ホール効果（Hall effect）を利用した測定法がある。まず，ホール測定の原理を紹介し，その後，よく行われる薄膜でのホール測定の例を紹介する。まず，**図2.19**のような直方体状の半導体に，y軸正方向に磁束密度B_yを印加し，x軸正方向に電流I_xを流したとき，z軸正方向にホール電圧V_Hが発生したとする。電流に

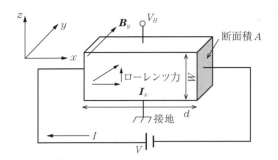

図 2.19 ホール効果によるキャリヤ密度測定法の基本構成

働くローレンツ力 $F_z = I_x \times B_y$ のため，電流は z 軸正方向の成分を持つ．このとき，電荷の蓄積により，z 方向に電場が生じる．最終的に，電場により電荷に働く力とローレンツ力がつり合う．つり合いのとき，V_H が正であれば電流を担うキャリヤが正の電荷を持つホールとなり，p 型半導体といえる．一方，V_H が負であれば，電流の担い手は電子であり，n 型半導体といえる．このように，V_H の符号から，半導体のキャリヤタイプを知ることができる．

つぎに，単一キャリヤと仮定できる場合，キャリヤ密度と移動度は，つぎのようにして求めることができる．電流に働くローレンツ力は，単位体積当り

$$F_z = B_y \frac{I_x}{A} \tag{2.78}$$

キャリヤ密度を n_{Hall} とすると，キャリヤ 1 個当りに働くローレンツ力は，F_z/n_{Hall} となる．ローレンツ力と y 軸方向の電場による力がつり合うので

$$\frac{B_y I_x}{n_{\text{Hall}} A} = q E_y = \frac{q V_{\text{Hall}}}{W}$$

よって

$$n_{\text{Hall}} = \frac{B_y I_x W}{q V_{\text{Hall}} A} \tag{2.79}$$

また，電極と半導体の接触抵抗が無視できるとすると，抵抗率 ρ は

$$\rho = \frac{VA}{Id} \tag{2.80}$$

で与えられる．抵抗率と移動度には，つぎの関係がある．

$$\rho = \frac{1}{q n_{\text{Hall}} \mu} \tag{2.81}$$

よって，式 (2.80) から半導体の比抵抗がわかれば，式 (2.79) から導出されたキャリヤ密度を用いて，式 (2.80) からキャリヤの移動度 μ を求めることができる。

つぎに，薄膜試料でホール効果を用いて，キャリヤ密度および移動度を求める方法を述べる。この方法は，van der Pauw 法と呼ばれる方法である。**図 2.20** に，試料の概略図を示す。この方法でキャリヤ密度を求めるには，（1）薄膜が一様であること，（2）電極の面積が試料の面積に比べてきわめて小さいこと，（3）電極が試料の端にあることの三つが必要である。その他に，ある基板の上に形成された半導体薄膜の特性を測定する場合には，（4）半導体薄膜に流れる電流に比べて，基板に流れる電流が無視できるほど小さいこと，（5）薄膜と基板の界面にキャリヤの蓄積がないことが必要である。

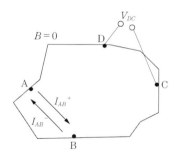 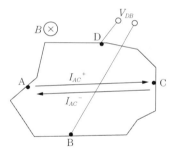

（a）比抵抗を求める際の測定概要　　（b）キャリヤ密度を求めるときの測定概要

図 2.20 van der Pauw 法によるキャリヤ密度測定法の基本構成

図 2.20 に示す微小な電極 A，B，C，D を配置した厚さ t の試料を考える。まず，図 2.20(a) に示す方法で比抵抗を求める。AB 間に電流 I_{AB} を流したときの CD 間の電圧降下を V_{CD}，BC 間に電流 I_{BC} を流したときの DA 間の電圧降下を V_{DA} とすると，試料の比抵抗 ρ は，つぎのように表すことができる。

$$\rho = \frac{\pi t}{\ln 2} \frac{R_{AB,CD} + R_{BC,DA}}{2} \times f \tag{2.82}$$

56　　2. 半導体物性の基礎

　ここで，$R_{AB,CD}$ を測定する際には，AB 間に流す電流の向きを変え，その平均を取る。電流の向きを変えると，電圧 V_{CD} は符号が変わるので，マイナス符号をつけている。

$$R_{AB,CD} = \frac{1}{2}\left(\frac{V_{CD}^+}{|I_{AB}^+|} - \frac{V_{CD}^-}{|I_{AB}^-|} \right) \tag{2.83}$$

$R_{BC,DA}$ についても同様である。

$$R_{BC,DA} = \frac{1}{2}\left(\frac{V_{DA}^+}{|I_{BC}^+|} - \frac{V_{DA}^-}{|I_{BC}^-|} \right) \tag{2.84}$$

　式 (2.82) に現れる f は，試料の異方性を表すパラメータであり，0 から 1 の間の値を取る。一般には，$f = 1$ としてよいが，$R_{AB,CD}$ と $R_{BC,DA}$ の値が極端に違うときには，考慮する必要がある。

　つぎに，図 2.20(b) に示す方法でキャリヤ密度を求める。まず，$B = 0$ で AC 間に A→C の方向に電流 I_{AC}^+ を流したときの DB 間に現れる電圧 $V_{DB}^+(0)$ を測定する。つぎに，試料に垂直に磁束密度 B を印加したときの DB 間の電圧 $V_{DB}^+(B)$ を測定し，つぎの $R_{AC,DB}^+$ を得る。

$$R_{AC,DB}^+ = \frac{V_{DB}^+(B) - V_{DB}^+(0)}{|I_{AC}^+|} \tag{2.85}$$

　図 2.20(b) の方向に磁束密度を印加するとき，電流はローレンツ力を受けて点 D の方向に曲がる。このため，点 B に対して，点 D の電圧が $B = 0$ のときに比べて正方向に増加する場合には，電流の担い手はホールであり，p 型半導体といえる。続いて，C→A の方向に電流 I_{AC}^- を流したときの DB 間に現れる電圧 $V_{DB}^-(0)$ を測定する。つぎに，試料に垂直に磁束密度 B を印加したときの DB 間の電圧 $V_{DB}^-(B)$ を測定し，つぎの $R_{AC,DB}^-$ を得る。

$$R_{AC,DB}^- = \frac{V_{DB}^-(B) - V_{DB}^-(0)}{|I_{AC}^-|} \tag{2.86}$$

　測定で重要なことは，$R_{AC,DB}^+$ と $R_{AC,DB}^-$ で符号が変わることである。この理由は，電流の方向が変わることで，電流に働くローレンツ力の方向が変わるためである。このとき，もし，$R_{AC,DB}^+$ と $R_{AC,DB}^-$ で符号が変わらなかった場合には，きちんと測定できていないか，または，移動度がきわめて小さく，直

流電流を用いた van der Pauw 法での測定が困難といえる。式 (2.85) および (2.86) より，キャリヤ密度 n_Hall は，次式で表せる。

$$n_\text{Hall} = \frac{B}{qt \left| \dfrac{R_{AC,DB}{}^+ - R_{AC,DB}{}^-}{2} \right|} \tag{2.87}$$

同様の測定を磁束密度の方向を変えて行い，式 (2.86) で得られた値との平均を取ることで，より正確に測定を行うことができる。また，式 (2.82) と (2.87) より移動度を求めることができる。

章 末 問 題

〈**A**〉 結晶 Si の 300 K における真性キャリヤ密度 n_i が $10^{10}\,\text{cm}^{-3}$ のとき，以下の問いに答えよ。

(1) つぎの (a) ～ (c) について，結晶 Si の 300 K における電子密度およびホール密度を計算し，多数キャリヤ，少数キャリヤの区別ができる表記（n_{p0}, p_{p0} など）を用いて表せ。ただし，不純物原子は Si 原子と置換し，かつ，100 % イオン化するとする。

   (a) $10^{17}\,\text{cm}^{-3}$ の B をドープするとき

   (b) $10^{19}\,\text{cm}^{-3}$ の As をドープするとき

   (c) $10^{17}\,\text{cm}^{-3}$ の B と $10^{19}\,\text{cm}^{-3}$ の As をドープするとき

(2) (1) の (a) ～ (c) について，キャリヤ密度から E_F の位置を求めよ。

(3) (1) の (a) ～ (c) について，図 2.10 の不純物準位の位置と計算で求めた E_F を比較して，不純物原子の 100 % イオン化が妥当かどうか判断せよ。

(4) 結晶 Si の真性キャリヤ密度 n_i は，次式で表され，**問図 2.1** のように変化する。

$$n_i = \sqrt{N_C N_V}\, \exp\left(-\frac{E_g}{2k_B T}\right)$$

つぎの問いに答えよ。

   (a) 問図 2.1 のグラフの傾きから，Si と GaAs の E_g の大きさについて，わかることを述べよ。

   (b) (1) の (a) の半導体は p 型半導体である。問図 2.1 より，この半導体は，何度以上で真性半導体（n 型，p 型の区別がない）になるといえるか。

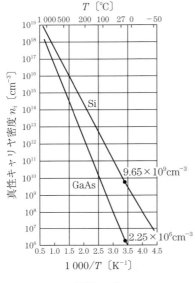

問図 2.1[1)]

(c) (1)の(c)の半導体は，何度以上で真性半導体になるといえるか。

(5) 真性半導体のキャリヤは，価電子帯から電子が伝導帯に熱エネルギーにより励起されることにより生じる。問図 2.1 を見ると，300 K でも $10^{10}\,\mathrm{cm}^{-3}$ の電子およびホールが存在する。結晶 Si の禁制帯幅は 1.1 eV であり，300 K の熱エネルギー 26 meV に比べて桁違いに大きい。なぜ，この熱エネルギーで電子が価電子帯から伝導帯に励起されるのか説明せよ。

(6) 不純物（P が $1 \times 10^{14}\,\mathrm{cm}^{-3}$，As が $9 \times 10^{12}\,\mathrm{cm}^{-3}$，B が $1 \times 10^{13}\,\mathrm{cm}^{-3}$）がドープされた結晶 Si がある。これらの不純物が 100 % イオン化したときの抵抗率を求めよ。ただし，電子とホールの移動度は，不純物密度に関係なく，それぞれ $1\,500\,\mathrm{cm^2/(V \cdot s)}$ および $500\,\mathrm{cm^2/(V \cdot s)}$ であるとする。

(7) 結晶 Si 中の金原子は，図 2.10 に示すように深い準位を形成する。金原子を含む結晶 Si 中に，高濃度に B をドーピングしたとき，つぎの(a)，(b)に答えよ。

(a) これらの深い準位はどのようになるか。

(b) ドープされた金原子が，電子およびホール密度に与える影響を述べよ。

〈B〉 キャリヤの再結合に関する以下の問いに答えよ。

(1) 式 (2.52)，(2.53) を導出せよ。

(2) 以下の条件下で，結晶 Si のキャリヤ再結合時間を計算せよ。

$n = p = 10^{13}\,\mathrm{cm}^{-3}$, $\sigma_n = \sigma_p = 2 \times 10^{-16}\,\mathrm{cm}^2$, $v_{th} = 10^7\,\mathrm{cm/s}$,
$N_t = 10^{16}\,\mathrm{cm}^{-3}$, $E_i - E_t = 5k_BT$

3. pn 接合ダイオード

3.1 はじめに

　2章で学んだn型およびp型の不純物ドープ半導体で接合を形成したものがpn接合ダイオードである。現代社会を支えるトランジスタ，光検出器，太陽電池，発光ダイオード，レーザダイオードなどのすべてにおいて，pn接合が使われている。同じ半導体材料の接合をホモ接合と呼ぶ。一方，異なる半導体材料の接合をヘテロ接合と呼ぶ。半導体と金属の接合もある。いずれの場合も，接合前にズレていたフェルミ準位が，接合後は一直線になるようにキャリヤの輸送が生じて熱平衡状態に至る。さまざまな接合でバンドプロファイルを描けるようになることが重要である。

3.2 空乏層幅と内蔵電位

　n型半導体とp型半導体を接合したpn接合は，あらゆる半導体デバイスの基本構造であり，その特性を理解することはきわめて重要である。ここでは，同じ半導体からなるホモ接合型を取り上げて，エネルギーバンドプロファイル，空乏層幅，内蔵電位を導出する。**図3.1**に示すとおり，接触前はフェルミ準位がn型半導体とp型半導体でズレている。エネルギーの基準は真空準位E_{vac}である。接触前はn型およびp型半導体の全領域にわたり，多数キャリヤ密度と少数キャリヤ密度が一様である。接触時，n型半導体からp型半導体

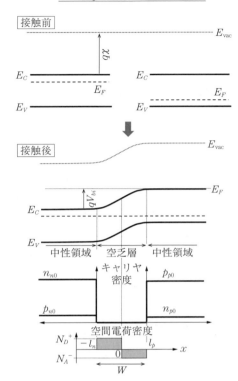

図 3.1 接触前および接触後のエネルギーバンドプロファイルとキャリヤ密度および空間電荷密度のプロファイル（空乏層では完全空乏近似と仮定した。）

に電子が拡散し，反対に，p 型半導体からホールが n 型半導体に拡散する。すると，接合付近のキャリヤ密度が極端に少なくなり，接合付近の n 型半導体に正に帯電したドナーイオンと，p 型半導体に負に帯電したアクセプタイオンが現れる。これらの電荷はキャリヤと異なり移動しないので，空間電荷と呼ばれる。キャリヤの拡散によって生じた空間電荷には，キャリヤの拡散を妨げる向きに電場が生じる。濃度勾配によるキャリヤの拡散は，電場によるキャリヤのドリフトとつり合うまで生じ，両者のエネルギーバンドは，qV_{bi} だけ異なる。この V_{bi} を内蔵電位と呼ぶ。なお，接合後の熱平衡状態ではキャリヤの輸送がないため，n 型および p 型半導体を通して，フェルミ準位が一直線になる。または，フェルミ準位が一直線になるようにキャリヤが移動するといい換えてもよい。pn 接合において空間電荷が存在する領域を空乏層と呼ぶ。また，空間電荷と同じ密度のキャリヤが存在する領域を中性領域と呼ぶ。空乏層のキャリヤ密度はきわめて小さく，簡単のためキャリヤ密度が 0 と考えることができる。これを完全空乏近似と呼ぶ。

図 3.1 のように，接合の位置を $x = 0$ とし，pn 接合の方向に一次元のモデルを立てる。n 型および p 型中性領域と空乏層端の座標を，それぞれ，$-l_n$ および l_p とする。完全空乏近似（空乏層内にはキャリヤが存在しない。つま

り，$n = p = 0$）とするとき，ポアソン方程式を解析的に解くことが可能で，下の三つの領域のポテンシャル分布 $\phi(x)$ を求めることができる。ポテンシャルの基準（0点）をp型中性領域に取る。$x = 0$ において，電場とポテンシャルが連続であること，さらに，$x = - l_n$ および l_p で電場が連続であることに注意する。ただし，ε は半導体の誘電率である。

$$\frac{d^2\phi}{dx^2} = - \frac{\rho}{\varepsilon} = \begin{cases} 0 \quad (x \geq l_p) \\ \dfrac{qN_A}{\varepsilon} \quad (0 \leq x \leq l_p) \\ - \dfrac{qN_D}{\varepsilon} \quad (- l_n \leq x \leq 0) \\ 0 \quad (x \leq - l_n) \end{cases}$$

$$\frac{d\phi}{dx} = \begin{cases} 0 \quad (x \geq l_p) \\ \dfrac{qN_A}{\varepsilon}(x - l_p) \quad (0 \leq x \leq l_p) \\ - \dfrac{qN_D}{\varepsilon}(x + l_n) \quad (- l_n \leq x \leq 0) \\ 0 \quad (x \leq - l_n) \end{cases}$$

より

$$\phi(x) = \begin{cases} 0 \quad (x \geq l_p) \\ \dfrac{qN_A}{2\varepsilon}(x - l_p)^2 \quad (0 \leq x \leq l_p) \\ - \dfrac{qN_D}{2\varepsilon}(x + l_n)^2 + V_{bi} \quad (- l_n \leq x \leq 0) \\ V_{bi} \quad (x \leq - l_n) \end{cases} \tag{3.1}$$

$x = 0$ での電場の連続性から

$$N_A l_p = N_D l_n$$

また，$x = 0$ でのポテンシャルの連続性から

$$\frac{qN_A}{2\varepsilon} l_p{}^2 = - \frac{qN_D}{2\varepsilon} l_n{}^2 + V_{bi}$$

これより

62   3. pn 接合ダイオード

$$V_{bi} = \frac{qN_A}{2\varepsilon}\, l_p{}^2 + \frac{qN_D}{2\varepsilon}\, l_n{}^2 = \frac{q}{2\varepsilon}\,(N_A l_p{}^2 + N_D l_n{}^2)$$

よって

$$l_p = \sqrt{\frac{2\varepsilon}{q}\,\frac{N_D}{N_A}\,\frac{V_{bi}}{N_A + N_D}} \tag{3.2}$$

$$l_n = \sqrt{\frac{2\varepsilon}{q}\,\frac{N_A}{N_D}\,\frac{V_{bi}}{N_A + N_D}} \tag{3.3}$$

$$l_p + l_n = W = \sqrt{\frac{2\varepsilon}{q}\,\frac{N_A + N_D}{N_A N_D}\,V_{bi}} \tag{3.4}$$

V_{bi} は，n 型および p 型の接合前の E_F の差に相当する電位差である。

$$n_{n0} = N_C \exp\left(-\frac{E_c - E_F^n}{k_B T}\right), \quad p_{p0} = N_V \exp\left(-\frac{E_F^p - E_V}{k_B T}\right)$$

より

$$E_F^n - E_C = k_B T \ln\!\left(\frac{n_{n0}}{N_C}\right), \quad E_V - E_F^p = k_B T \ln\!\left(\frac{p_{p0}}{N_V}\right)$$

これらを辺々足して

$$E_F^n - E_F^p - (E_C - E_V) = E_F^n - E_F^p - E_g = k_B T \ln\!\left(\frac{n_{n0}}{N_C}\right) + kT \ln\!\left(\frac{p_{p0}}{N_V}\right)$$

$$= k_B T \ln\!\left(\frac{n_{n0} p_{p0}}{N_C N_V}\right)$$

$$E_F^n - E_F^p = E_g + k_B T \ln\!\left(\frac{n_{n0} p_{p0}}{N_C N_V}\right) = k_B T \ln\!\left(\frac{N_C N_V}{n_i{}^2}\right) + k_B T \ln\!\left(\frac{n_{n0} p_{p0}}{N_C N_V}\right)$$

$$= k_B T \ln\!\left(\frac{n_{n0} p_{p0}}{n_i{}^2}\right) = k_B T \ln\!\left(\frac{N_A N_D}{n_i{}^2}\right)$$

$$q V_{bi} = E_F^n - E_F^p = k_B T \ln\!\left(\frac{N_A N_D}{n_i{}^2}\right)$$

よって

$$V_{bi} = \frac{k_B T}{q} \ln\!\left(\frac{N_A N_D}{n_i{}^2}\right) \tag{3.5}$$

これより，不純物濃度が高くなるほど，内蔵電位が大きくなることがわか
る。

3.3 空乏層容量

　空乏層には，イオン化した不純物による空間電荷が存在する。空間電荷に起因する容量（空乏層容量）を測定することで，半導体中のイオン化不純物密度の深さ分布を調べることが可能となる。2.8節で述べたホール測定と並び，半導体中のキャリヤ密度を知る重要な手掛かりとなる。単位面積当りの空乏量容量 C_j は，次式で表される。

$$C_j = \frac{dQ}{dV} \tag{3.6}$$

　ここで，dQ は，印加電圧の増加分 dV に対する空乏層内の単位面積当りの空間電荷の増加分である。図3.2(a)は，任意の不純物分布を持つpn接合の電荷分布および電場分布を示す。逆方向電圧が dV だけ増加すると，電荷と電

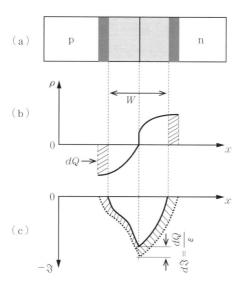

図3.2　(a)任意の不純物分布を持つpn接合ダイオード，(b)逆方向バイアス電圧の変化に伴う空間電荷分布の変化，(c)それに対応する電場分布の変化の模式図

64　　3. pn 接合ダイオード

場分布は破線部分まで広がる。図 3.2 (b) に示す電荷の増分 dQ は，p または n 層側における電荷分布の差，すなわち斜線部分に相当している。これらの空間電荷の増加分は，量が等しく符号が反対である。したがって，全体の中性条件は保たれている。電荷の増分 dQ によって，電場は

$$d\mathfrak{E} = \frac{dQ}{\varepsilon} \tag{3.7}$$

だけ大きくなる。図 3.2 (c) の斜線で示した印加電圧の増加分 dV は，$Wd\mathfrak{E}$ または WdQ/ε で近似できる。したがって，単位面積当りの空乏層容量は

$$C_j = \frac{dQ}{dV} = \frac{dQ}{\dfrac{WdQ}{\varepsilon}} = \frac{\varepsilon}{W} \tag{3.8}$$

で与えられる。この式は，電極間距離が空乏層幅 W に等しい平行平板コンデンサの単位面積当りの容量と同じ式であり，任意の不純物分布に対して成り立つ。なお，式 (3.8) の導出には，印加電圧の変化に対して空乏層内の空間電荷のみが変化して容量に寄与すると仮定した。これは，pn 接合に逆方向バイアス電圧が印加されているときは正しい。しかし，順方向バイアス電圧が印加されているときには，3.4 節で詳述するように，少数キャリヤが注入されるため，これらのキャリヤの増加に伴う拡散容量も考慮する必要がある。

　つぎに，$N_A \gg N_D$ の片側階段接合の場合を考える。このとき，空乏層容量は n 型領域の空乏層幅で決まると考えてよい。式 (3.4) および (3.8) より

$$C_j = \frac{\varepsilon}{W} = \sqrt{\frac{q\varepsilon N_D}{2(V_{bi} - V)}} \tag{3.9}$$

ここで，ドナー不純物は 100 ％ イオン化していると仮定した。これより

$$\frac{1}{C_j{}^2} = \frac{2(V_{bi} - V)}{q\varepsilon N_D} \tag{3.10}$$

　式 (3.10) は，片側階段接合の場合，印加電圧に対して $1/C_j{}^2$ プロットすると直線になり，その直線の傾きから n 型半導体のイオン化不純物濃度（$\cong n_{n0}$）がわかり，さらに，切片から内蔵電位 V_{bi} がわかることを示している。式 (3.10) は，不純物密度が一定の場合であるが，この式を，不純物密度が任意

の場合にも適用できるよう，図3.3(a)に示す不純物分布を持つp^+-n接合を例に取り，つぎのように拡張する。

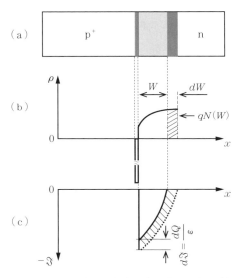

図 3.3 (a)任意の不純物分布を持つp^+-n接合ダイオード，(b)逆方向バイアス電圧の変化に伴う低不純物濃度側の空間電荷の変化，(c)それに対応する電場分布の変化の模式図

印加電圧の増加分dVに対する，空乏層内の単位面積当りの電荷の増加分dQは，図3.3(b)の斜線部の面積であり，$qN(W)dW$で与えられる。対応する印加電圧の増加分dVは，図3.3(c)の斜線部の面積に相当するため，次式が成り立つ。

$$dV \cong (d\mathscr{E})W = \frac{dQ}{\varepsilon}W = \frac{qN(W)d(W^2)}{2\varepsilon} \tag{3.11}$$

式(3.8)を使って式(3.11)のWをC_jで置き換えると，空乏層の端における不純物濃度は

$$N(W) = \frac{2}{q\varepsilon}\left[\frac{1}{\dfrac{d}{dV}\left(\dfrac{1}{C_j{}^2}\right)}\right] \tag{3.12}$$

で与えられる。逆方向バイアス電圧に対する単位面積当りの容量を測定すれば、Vに対して$1/C_j^2$がプロットできる。C_jがわかると、式 (3.8) より、深さWがわかる。また、プロットの勾配により、その深さでの不純物密度$N(W)$が得られるというものである。同様な計算を深さW、つまりVを変えて行うことで、不純物分布の全体像が得られる。このような方法をC-V法と呼ぶ。

3.4 電流連続の式

3.5節で、pn接合に順方向に電圧Vを印加したときに流れる電流密度Jと電圧Vの関係を求める。本節では、その準備段階として、図 **3.4** のような厚さΔx、断面積Aの直方体内での電子密度およびホール密度の時間変化を考える。半導体中のキャリヤの生成割合をG、再結合割合をRとすると

$$A\Delta x \frac{\partial n}{\partial t} = \left[\frac{J_e(x)}{-q} - \frac{J_e(x+\Delta x)}{-q}\right]A + (G-R)A\Delta x$$

両辺を体積$A\Delta x$で割り、さらに、$\Delta x \to 0$の極限を取ると

$$\frac{\partial n}{\partial t} = \frac{1}{q}\frac{\partial J_e}{\partial x} + G - R \tag{3.13}$$

定常状態では

$$\frac{1}{q}\frac{dJ_e}{dx} + G - R = 0 \tag{3.14}$$

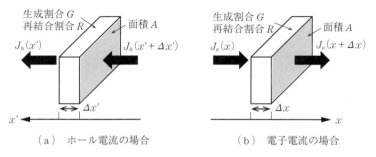

(a) ホール電流の場合 　　(b) 電子電流の場合

図 3.4 キャリヤ生成および再結合がある半導体片に、ホール電流または電子電流が流れているときの概念図

同様にして，ホール密度については

$$\frac{\partial p}{\partial t} = -\frac{1}{q}\frac{dJ_h}{dx'} + G - R \tag{3.15}$$

定常状態では

$$-\frac{1}{q}\frac{dJ_h}{dx'} + G - R = 0 \tag{3.16}$$

3.5 暗状態の電流電圧特性

光照射がない状態で，ホモ接合ダイオードに順方向電圧 V を印加したときに，ダイオードに流れる電流を暗電流と呼ぶ．ここでは，暗電流密度 J_F を求める．簡単のため，つぎのように(1)～(4)を仮定する．(1)電圧は中性領域ではなく，空乏層に印加される，(2)印加電圧は小さく，注入される少数キャリヤは多数キャリヤに比べて格段に少ない，(3)空乏層でのキャリヤの再結合は無視できるほど少ない，(4)中性領域は少数キャリヤ拡散長に比べて十分に厚い．

図 3.5 に，順方向バイアス電圧 V 印加時のエネルギーバンドプロファイルを示す．空乏層端を原点として，n 型および p 型中性領域に一次元の座標を定める．印加電圧が加わっただけ，内蔵電位が減少している．図 3.5 のように，順方向に電圧が印加されると，平衡状態が崩れて，n 型半導体の電子が p 型半導体

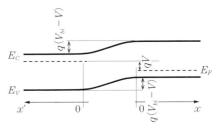

図 3.5 順方向バイアス電圧 V 印加時の pn 接合ダイオードのエネルギーバンドプロファイル

に拡散する．反対に，p 型半導体のホールが n 型半導体に拡散する．ここでは，p 型半導体に拡散した電子密度 $n_p(x)$ を導出する．

印加した電圧は中性領域にほとんど印加されないので，式 (2.74) および

68　　3. pn 接合ダイオード

(2.75) は，つぎのように書ける。

$$J_e(x) = qD_e \frac{dn_p}{dx} \ (x \geq 0), \quad J_h(x') = -qD_h \frac{dp_n}{dx'} \ (x' \geq 0) \tag{3.17}$$

式 (3.14) および (3.17) から

$$D_e \frac{d^2 n_p}{dx^2} - \frac{n_p - n_{p0}}{\tau_e} = 0 \tag{3.18}$$

暗状態なので，$G = 0$ である。ここで，τ_e は少数キャリヤ寿命である。式 (3.18) は，つぎのように変形できる。

$$\frac{d^2 n_p}{dx^2} - \frac{n_p - n_{p0}}{L_e{}^2} = 0 \tag{3.19}$$

ここで，L_e は少数キャリヤ拡散長であり，$L_e = \sqrt{D_e \tau_e}$ の関係がある。

式 (3.19) は，2 階線形微分方程式であり，境界条件が二つあれば解ける。境界条件は，つぎの二つである。

境界条件その 1：x が十分に大きいとき，$n_p(x) \to n_{p0}$

境界条件その 2：$x = 0$ のとき，$n_p(0) = n_{p0} \exp\left(\dfrac{qV}{k_B T}\right)$ \hfill (3.20)

式 (3.20) は，どのように導出できるのだろうか。

熱平衡状態のとき，図 3.1 より

$$n_{p0} = n_{n0} \exp\left(-\frac{qV_{bi}}{k_B T}\right) \tag{3.21}$$

図 3.5 より

$$n_p(0) = n_n \exp\left[-\frac{q(V_{bi} - V)}{k_B T}\right] \tag{3.22}$$

ここで，順方向の印加電圧が小さいとき，n 型半導体の多数キャリヤ密度は熱平衡状態とほとんど同じと考えられる。よって，つぎのように導出できる。

$$n_p(0) \cong n_{n0} \exp\left[-\frac{q(V_{bi} - V)}{k_B T}\right] = n_{n0} \exp\left(-\frac{qV_{bi}}{k_B T}\right) \exp\left(\frac{qV}{k_B T}\right)$$

$$= n_{p0} \exp\left(\frac{qV}{k_B T}\right)$$

以上より，式 (3.19) を解いて，$n_p(x)$ は，つぎのように求められる。

$$n_p(x) = n_{p0} + n_{p0}\left[\exp\left(\frac{qV}{k_BT}\right) - 1\right]\exp\left(-\frac{x}{L_e}\right) \quad (x \geq 0) \qquad (3.23)$$

同様にして，n型半導体中のホール密度 $p_n(x')$ は

$$p_n(x') = p_{n0} + p_{n0}\left[\exp\left(\frac{qV}{k_BT}\right) - 1\right]\exp\left(-\frac{x}{L_h}\right) \quad (x' \geq 0) \qquad (3.24)$$

ここで，$L_h = \sqrt{D_h\tau_h}$ は，n型半導体中のホール（少数キャリヤ）の拡散長である．この様子を，**図 3.6** に示す．n型半導体にホールが注入されると，電荷中性条件を満たすように，多数キャリヤである電子密度も，ホールの注入に応じて増加する．また，p型半導体でも同様なことが起きる．

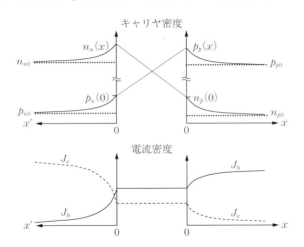

図 3.6 順方向バイアス電圧 V 印加時のキャリヤ密度および電流密度の空間分布の概略図

式 (3.17) より，p型中性領域を流れる電子電流密度 $J_e(x)$，n型中性領域を流れるホール電流密度 $J_h(x')$ が，つぎのように求められる．

$$\begin{aligned}J_e(x) &= qD_e\frac{dn_p}{dx} \\ &= -q\frac{D_e}{L_e}n_{p0}\left[\exp\left(\frac{qV}{k_BT}\right) - 1\right]\exp\left(-\frac{x}{L_e}\right) < 0 \quad (x \geq 0) \end{aligned} \qquad (3.25)$$

$$J_h(x') = -qD_h\frac{dp_n}{dx'}$$

$$= q\frac{D_h}{L_h}p_{n0}\left[\exp\left(\frac{qV}{k_BT}\right)-1\right]\exp\left(-\frac{x'}{L_h}\right) > 0 \quad (x' \geq 0) \quad (3.26)$$

$J_e(x)$ はつねに負であり，$J_h(x')$ はつねに正である。これは，電子電流とホール電流が，x' 軸正方向に流れることを示す。電流の大きさは，どこでも一定である。また，一般に，空乏層幅は少数キャリヤ拡散長に比べて格段に小さく，このため空乏層内では電子電流およびホール電流は，値が一定であると近似できる。よって，合計の電流密度は，つぎのように求められる。

$$J_S = J_e(x=0) + J_h(x=0) = J_e(x=0) + J_h(x'=0)$$
$$= J_0\left[\exp\left(\frac{qV}{k_BT}\right)-1\right], \quad J_0 = q\left(\frac{D_e}{L_e}n_{p0} + \frac{D_h}{L_h}p_{n0}\right) \quad (3.27)$$

J_0 は，逆方向飽和電流密度である。式 (3.27) より，pn 接合に順方向バイアス時 ($V>0$) は電流密度が指数関数的に増加し，反対に逆方向バイアス時 ($V<0$) は $-J_0$ となることがわかる。図 3.7 で示すように，順方向バイアス時にのみ電流が多く流れる性質を整流性と呼ぶ。

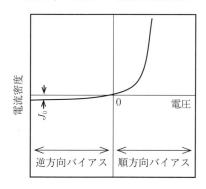

図 3.7 pn 接合ダイオードの電流電圧特性の概略図

順方向バイアス V 印加時に，pn 接合を介して n 型領域から p 型領域へ注入される電子電流密度 J_e と，p 型領域から n 型領域に注入されるホール電流密度 J_h の比は，注入比 γ_J と呼ばれ，式 (3.27) から式 (3.28) で表せる。

$$\gamma_J = \frac{J_e}{J_h} = \frac{D_e L_h n_{p0}}{D_h L_e p_{n0}} \quad (3.28)$$

式 (3.28) から，注入比を決めるのは n 型および p 型の少数キャリヤ密度であるといえる。

3.6 半導体ヘテロ接合

これまで，同じ半導体で伝導型が異なる二つの半導体の接合を扱ってきた。後で述べる発光素子では，異なる半導体の接合（ヘテロ接合）を利用することで，発光特性が著しく向上する。このため，ここでは，ヘテロ接合のバンドプロファイルがどのように決まるかを考える。まず，図3.8に示すpnヘテロ接

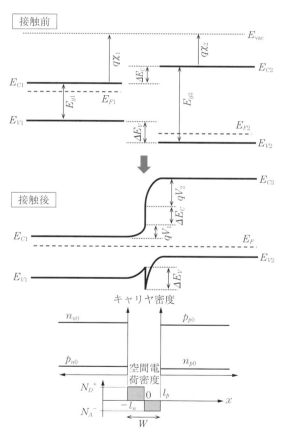

図3.8 接触前および接触後のpnヘテロ接合のエネルギーバンドプロファイル

合の場合である。電子親和力は材料固有の値であり，電子親和力の差に起因して，伝導帯バンド不連続 $\Delta E_C = q(\chi_1 - \chi_2)$，価電子帯バンド不連続 $\Delta E_V = q\chi_2 + Eg_2 - q\chi_1 - Eg_1$ が決まる。接合時，E_{F1} および E_{F2} の違いにより，ヘテロ接合では半導体 1 から半導体 2 へ電子が拡散し，E_F が一直線になるまで電子の拡散が続く。接合後も，バンド不連続の大きさは保存される。また，接合前のフェルミ準位の差が，接合後の内蔵電位に相当する〔$E_{F2} - E_{F1} = q(V_1 + V_2)$〕ことは，pn ホモ接合と同じである。pn ホモ接合と同様に，完全空乏近似でポアソン方程式を解くことで，空乏層幅，ポテンシャル分布を求めることができる。ただし，ヘテロ接合では，接合界面での電場の連続条件がホモ接合とは異なる。ヘテロ接合に垂直な電束密度が連続になるため，半導体 1 および 2 の誘電率を，それぞれ ε_1 および ε_2 とすると，$\varepsilon_1 N_A l_p = \varepsilon_2 N_D l_n$ から空乏層幅が決まる。また，n 型半導体に対して，p 型半導体に正電圧を印加したときに電流が多く流れ，反対の極性では電流が小さくなる整流性を示す。

　順方向バイアス V 印加時に，pn 接合を介して n 型領域から p 型領域へ注入される電子電流密度 J_e と，p 型領域から n 型領域に注入されるホール電流密度 J_h の注入比 γ_J は，ホモ接合ダイオードと同じく式 (3.28) で表せられるが，両者で禁制帯幅が異なっている。よって，注入比は，式 (3.28) から，つぎのように導出される。

$$\gamma_J = \frac{J_e}{J_h} = \frac{D_{e1} L_{h2} n_{p0}}{D_{h2} L_{e1} p_{n0}} \tag{3.29}$$

ここで

$$n_{p0} = \frac{{n_{i2}}^2}{p_{p0}} = \frac{N_{C1} N_{V1}}{N_A} \exp\left(-\frac{E_{g2}}{k_B T}\right) \tag{3.30}$$

および

$$p_{n0} = \frac{{n_{i1}}^2}{n_{n0}} = \frac{N_{C2} N_{V2}}{N_D} \exp\left(-\frac{E_{g1}}{k_B T}\right) \tag{3.31}$$

これを式 (3.29) に代入して

$$\gamma_J = \frac{J_e}{J_h} = \frac{D_{e1} L_{h2}}{D_{h2} L_{e1}} \frac{N_{C1} N_{V1}}{N_{C2} N_{V2}} \frac{N_D}{N_A} \exp\left(-\frac{E_{g2} - E_{g1}}{k_B T}\right) \tag{3.32}$$

式 (3.31) より，pn ヘテロ接合ダイオードでは電流の注入比を決めるのは半導体の禁制帯幅であり，いまの場合 $E_{g2} > E_{g1}$ であるから，図 3.8 のヘテロ接合では，ホール電流が支配的になり，$J \cong J_h$ といえる。つまり，ヘテロ pn 接合ダイオードを流れる電流は，禁制帯幅の大きい半導体の多数キャリヤが担うといえる。

このとき

$$J \cong J_h = \frac{D_{h2}}{L_{h2}} n_{p0} \left[\exp\left(-\frac{qV}{k_B T}\right) - 1 \right] \tag{3.33}$$

つぎは，**図 3.9** に示す n/n ヘテロ接合の場合である。この場合も，E_{F1} および E_{F2} の違いにより，ヘテロ接合では半導体 2 から半導体 1 へ電子が拡散し，接合後，E_F が一直線になる。ただし，図 3.8 の場合とは異なり，半導体 1 ではヘテロ界面に近づくにつれて電子密度が急増する。一方，半導体 2 では，ヘテロ界面に向けて空乏化する。このように，ヘテロ接合にキャリヤの蓄積がある場合，空乏近似は成り立たず，ポアソン方程式を数値計算で解き，ポテン

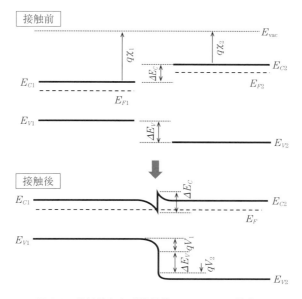

図 3.9 接触前および接触後の n/n ヘテロ接合のエネルギーバンドプロファイル

74　　3.　pn 接合ダイオード

シャル分布を求める必要がある。また，n/n 接合ではあるが，半導体 2 に対して半導体 1 に正電圧を印加すると，電流が多く流れる整流性を示すことに注意する必要がある。

3.7　金属-半導体接合

　これまで半導体と半導体の接合を扱ってきたが，電子デバイスはほかのデバイスと結線するために，必ず電極（金属）と半導体の接合が存在する。ここでは，電流電圧特性に整流性を示すショットキー接合と，整流性を示さないオーミック接合について考えてみる。

3.7.1　ショットキー接合とオーミック接合

　図 3.10 は，孤立した金属と n 型半導体のエネルギーバンドプロファイルを示したものである。金属の仕事関数は材料により異なる。

　いま，金属の仕事関数 $q\varphi_m$ が n 型半導体の仕事関数 $q\varphi_s$ よりも大きい場合を考える。接触後は，熱平衡状態において金属と半導体のフェルミ準位は一致しなければならないので，フェルミ準位が一致するまで半導体から金属に電子が移動する。このため，金属側には電子が表面電荷として蓄積し，また，接合近傍の n 型半導体では電子の空乏化が生じ，空乏層内にはドナーイオンの空間電荷が広がる。この電荷の分布は，p^+-n 接合とほぼ同じである。図 3.10 からわかるように，金属中の電子が n 型半導体に入るには，$q(\varphi_m - \chi)$ の障壁が存在するのに対し，n 型半導体中の電子が金属側に入るには，$q(\varphi_m - \varphi_s)$ の障壁があるが，両者の大きさが異なっている。図 3.10 では，n 型半導体→金属のほうへは電子が輸送されやすいのに対し，金属中の電子にとって n 型半導体はやや障壁が高い。このため，電流電圧特性に整流性が生じる。このような接合をショットキー（Schottky）接合と呼ぶ。ショットキー接合は，金属細線を半導体の表面に押しつけた点接触型整流器として，1904 年ごろから多くの用途に使われてきた。1938 年に，Schottky は，このデバイスで現れる整流

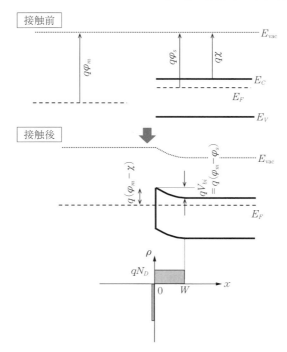

図 3.10 金属の仕事関数のほうが n 型半導体の仕事関数よりも大きい場合。接触前および接触後の金属/n 型半導体接合のエネルギーバンドプロファイルと電荷分布

性が，半導体表面にある安定した空間電荷によって表面にポテンシャル障壁ができるためであると提案した。

一方，**図 3.11** に示すように，金属の仕事関数 $q\varphi_m$ が n 型半導体の仕事関数 $q\varphi_s$ よりも小さい場合は，電流電圧特性に整流性が現れない。このような接合をオーミック接合と呼ぶ。すべての半導体デバイスは，システムを構成するためにほかのデバイスと結線するためのオーミック接合を必要とする。これまで見てきた金属/n 型半導体接合と同様の解説が，金属/p 型半導体接合においても可能である。このとき，p 型半導体では，**図 3.12** に示すように，$q\varphi_m < q\varphi_s$ のときにショットキー接合が形成され，反対に，$q\varphi_m > q\varphi_s$ のときにオーミック接合が形成される。

3. pn接合ダイオード

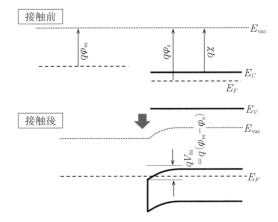

図 3.11 金属の仕事関数のほうが半導体の仕事関数よりも小さい場合。接触前および接触後の金属/n型半導体接合のエネルギーバンドプロファイル

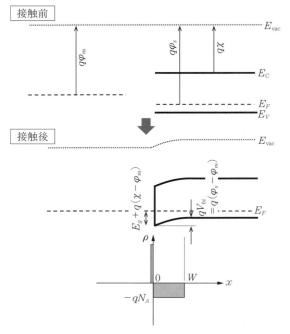

図 3.12 金属/p型半導体でショットキー接合が形成する際の、接触前および接触後の金属/p型半導体接合のエネルギーバンドプロファイルと電荷分布

このように見てくると,金属/半導体接合でショットキー接合になるかオーミック接合になるかは,金属の仕事関数と半導体の仕事関数の大小関係のみで決まるといえる。しかし,半導体表面は原子の三次元配列が途切れた場所であり,そのため表面には多くの表面準位が禁制帯中に存在することで,図 3.10 および 3.12 で考えたとおりにはならない場合が多い。図 3.13 は,n-Si および n-GaAs でショットキー接合を形成した際の障壁高さの実験値を示す[1]。障壁高さが金属の仕事関数 $q\varphi_m$ の増加に伴い増加していることがわかる。しかし,予想に反し,障壁高さは仕事関数の増加分に比べて,かなり緩やかといえる。

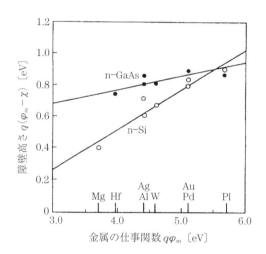

図 3.13 金属/n-Si および金属/n-GaAs に対する障壁高さの測定値[1]

金属/n 型半導体のショットキー接合では,n 型半導体の空乏層幅は,p^+-n 接合ダイオードと同じ式で表せる。したがって,式 (3.12) により n 型半導体の不純物密度分布を調べることが可能である。

3.7.2 ショットキーダイオードの電流電圧特性

ここでは,金属/n 型半導体を例に取り,キャリヤの輸送過程を考える。図

78　　3. pn接合ダイオード

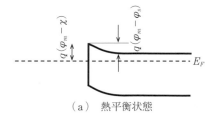

（a）熱平衡状態

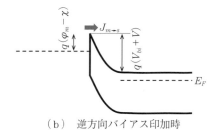

（b）逆方向バイアス印加時

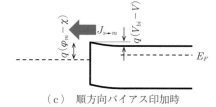

（c）順方向バイアス印加時

図 3.14　金属/n 型半導体ショットキー接合における熱電子放出による電子の輸送

3.14 は，金属/n 型半導体ショットキー接合における熱電子放出による電子の輸送を示したものである。

図 3.14（a）の熱平衡状態では，金属から半導体に向かう電子電流 $J_{m \to s}$ と，半導体から金属へ向かう n 型半導体の多数キャリヤである電子電流 $J_{s \to m}$ がつり合っている。これらの電流成分は，境界での電子密度に比例する。半導体表面での電子密度 n_s は

$$n_s = N_D \exp\left(-\frac{qV_{bi}}{k_B T}\right) = n_{n0} \exp\left(-\frac{qV_{bi}}{k_B T}\right)$$

$$= N_C \exp\left(-\frac{E_C - E_F}{k_B T}\right) \exp\left(-\frac{qV_{bi}}{k_B T}\right)$$

$$= N_C \exp\left(-\frac{q(\varphi_m - \varphi_s)}{k_B T}\right) \tag{3.34}$$

これより

$$|J_{m \to s}| = |J_{s \to m}| \propto n_s = CN_c \exp\left[-\frac{q(\varphi_m - \varphi_s)}{k_B T}\right] \tag{3.35}$$

ショットキー接合に順方向バイアス電圧 V が印加されると，障壁でのポテンシャルが減少し，n_s はつぎのように増加するため，$J_{s \to m}$ が増加する。

$$n_s = N_c \exp\left[-\frac{q(\varphi_m - \varphi_s)}{k_B T}\right] \exp\left(\frac{qV}{k_B T}\right) \tag{3.36}$$

一方，金属から半導体へは，障壁高さが変わらないので $J_{m \to s}$ は変わらない。したがって，順方向バイアス電圧下では，電子電流密度は，つぎのように表せる。

$$J = J_{s \to m} - J_{m \to s}$$

$$= CN_c \exp\left[-\frac{q(\varphi_m - \varphi_s)}{k_B T}\right] \exp\left(\frac{qV}{k_B T}\right) - CN_c \exp\left[-\frac{q(\varphi_m - \varphi_s)}{k_B T}\right]$$

$$= J_s\left[\exp\left(\frac{qV}{k_B T}\right) - 1\right] \tag{3.37}$$

$$J_s = CN_c \exp\left[-\frac{q(\varphi_m - \varphi_s)}{k_B T}\right] = A^* T^2 \exp\left[-\frac{q(\varphi_m - \varphi_s)}{k_B T}\right] \tag{3.38}$$

ここに，C は比例定数，J_s は飽和電流密度であり，A^* は実効リチャードソン定数と呼ばれ，次式で与えられる。

$$A^* = \frac{4\pi q m_e k_B{}^2}{h^3} \tag{3.39}$$

金属/n 型半導体のショットキー接合では，順方向バイアス印加時に，金属から半導体へのホールの注入による少数キャリヤ（ホール）電流も存在する。ホールの注入は p$^+$-n 接合と同じであり

$$J_p = J_{p0}\left[\exp\left(\frac{qV}{k_B T}\right) - 1\right], \quad J_{p0} = \frac{qD_p p_{n0}}{L_p} \tag{3.40}$$

正常な動作状態では，式 (3.38) の J_s は，式 (3.40) の J_{p0} に比べて桁違いに大きい。

電流比 γ は，つぎのように表せる。

$$\gamma = \frac{J_s}{J_{p0}} \frac{A^* T^2 L_p}{q D_p p_{n0}} \exp\left[-\frac{q(\varphi_m - \varphi_s)}{k_B T}\right] \tag{3.41}$$

したがって，ショットキーダイオードは，多数キャリヤのみで動作するユニポーラデバイスといえる。

3.7.3 オーミック接合

オーミック接合とは，半導体バルクの抵抗による直列抵抗に比べて無視できるほど小さな接触抵抗を有する金属/半導体接合である。良好なオーミック接合では，デバイスの動作領域の電圧降下に比べてオーミック接合での電圧降下は小さい。

オーミック接合の性能指数は，比接触抵抗で表される。

$$R_c = \left(\frac{\partial J}{\partial V}\right)^{-1}_{V=0} [\Omega \cdot \text{cm}^2] \tag{3.42}$$

式 (3.38) より

$$R_c = \frac{k_B}{qA^*T} \exp\left[\frac{q(\varphi_m - \varphi_s)}{k_B T}\right] \tag{3.43}$$

これより，R_c を小さくするためには，低い障壁が必要であるといえる。

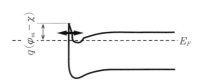

図 3.15 金属/n型半導体ショットキー接合におけるハイドープ n$^+$ 層の挿入によるトンネル電流の模式図

ドーピング濃度が非常に高い n 型半導体と金属との接合の場合には，図 3.15 に示すように，n 型半導体に広がる空乏層の幅が非常に狭くなり，熱電子放出ではなくトンネル電流が支配的となる。

トンネル電流 I は次式で与えられる[1]。

$$I \propto \exp\left[\frac{-2W}{\hbar}\sqrt{2m_e q(\varphi_m - \varphi_s - V)}\right] \tag{3.44}$$

ここに，空乏層幅 W を入れて整理すると，トンネル電流は

$$I \propto \exp\left[\frac{-4\sqrt{m_e \varepsilon}}{\hbar\sqrt{N_D}} q(\varphi_m - \varphi_s - V)\right] \tag{3.45}$$

これより

$$R_C \propto \frac{4\sqrt{m_e \varepsilon}}{\hbar\sqrt{N_D}} q(\varphi_m - \varphi_s) \tag{3.46}$$

式 (3.46) は,トンネル電流が支配的な領域では,比接触抵抗がドーピング濃度に強く依存し,$(\varphi_m - \varphi_s)/\sqrt{N_D}$ に対して指数関数的に変化することを示している。

3.8 完全空乏近似の妥当性について[2]

pn 接合およびショットキー接合で空乏層を扱うとき,これまで完全空乏近似を仮定してきた。すなわち,空乏層の内部はキャリヤ密度が 0 であり,その領域から出たところではイオン化不純物密度とキャリヤ密度がつり合っていて,電荷中性条件が成り立っているとした。つまり,空乏層端でキャリヤ密度が 0 からいきなり不純物密度（$10^{15} \sim 10^{19}\,\mathrm{cm}^{-3}$）まで増大すると考えてきた。これはどの程度妥当なのであろうか。例えば,図 3.16 で,n 型空乏層端には,熱エネルギーを持った電子が多数存在し,空乏層領域にも電子がしみ込んでもよさそうである。空乏近似からのポテンシャルのズレを $\varphi(x')$ とすると,n 型

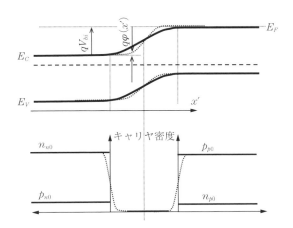

図 3.16 pn 接合のエネルギーおよびキャリヤ密度のプロファイルの概略図（太線が空乏近似,点線が空乏近似を外した場合）

82　　3. pn接合ダイオード

領域のポアソン方程式は

$$\frac{d^2\varphi}{dx'^2} = -\frac{q}{\varepsilon}(N_D - n) \tag{3.47}$$

位置 x' における電子密度 $n(x')$ は，次式で表せる。

$$n(x') = n_{n0} \exp\left[-\frac{q\varphi(x')}{k_B T}\right] = N_D \exp\left[-\frac{q\varphi(x')}{k_B T}\right] \tag{3.48}$$

$q\varphi(x') > 3k_B T$ ならば，その位置での電子密度は $n \ll N_D$ となり，枯渇しているといえるので，注目すべきは，$q\varphi(x') < k_B T$ の領域である。

式 (3.47) および (3.48) より

$$\frac{d^2\varphi}{dx'^2} = -\frac{q}{\varepsilon} N_D\left[1 - \exp\left(-\frac{q\varphi}{k_B T}\right)\right] \tag{3.49}$$

この式を，$q\phi$ が小さいとして展開して

$$\frac{d^2\varphi}{dx'^2} \approx \frac{q^2 N_D}{\varepsilon k_B T}\varphi = \frac{1}{L_D{}^2}\varphi \tag{3.50}$$

ここで，次式で表せる L_D をデバイ長（Debye length）という。

$$L_D = \sqrt{\frac{\varepsilon k_B T}{q^2 N_D}} \tag{3.51}$$

つまり，完全空乏近似は，デバイ長程度の誤差を含むといえる。式 (3.51) に示すように，デバイ長は不純物濃度が高いほど小さくなる。このため，不純物濃度が小さい接合ほど，完全空乏からのズレが大きいといえる。

章　末　問　題

〈**A**〉　pn接合ダイオードについて，以下の問いに答えよ。

（1）　Si の階段接合ダイオード（p^+-n）について，（a）〜（c）の場合，空乏層幅と内蔵電位および単位面積当りの接合容量を求めよ。ただし，$N_A = 10^{18}\,\mathrm{cm}^{-3}$ とし，不純物はすべてイオン化するとする。

　　（a）　$N_D = 10^{15}\,\mathrm{cm}^{-3}$

　　（b）　$N_D = 10^{16}\,\mathrm{cm}^{-3}$

　　（c）　$N_D = 10^{17}\,\mathrm{cm}^{-3}$

（2） 式 (3.23)，(3.24) を導出せよ．
（3） 式 (3.25)，(3.26) を導出せよ．
（4） 式 (3.27) を導出せよ．
（5） Si の階段接合ダイオード (p$^+$-n) の C-V 特性を測定して**問図 3.1** を得た．デバイス面積が $10^{-4}\,\mathrm{cm}^2$ で，p$^+$ 層の厚みが $50\,\mathrm{nm}$ のとき，n 型層の厚みを求めよ．

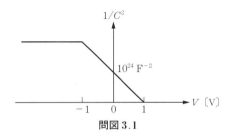

問図 3.1

〈**B**〉 ショットキー接合についての，以下の問いに答えよ．
（1） n 型半導体と金属のショットキー接合がある．n 型半導体中の不純物濃度を N_D とするとき，つぎの問いに答えよ．ただし，金属の仕事関数は，n 型半導体の仕事関数よりも大きいとする．
　　（a） 横軸に x 軸を取り，ショットキー接合の電場分布，ポテンシャル分布を，ポアソン方程式を解いて求めよ．ただし，半導体の厚さは，空乏層幅よりも，十分厚いとする．
　　（b） 空乏層の厚さを表す式を求めよ．
　　（c） 内蔵電位の大きさを表す式を求めよ．
　　（d） 内蔵電場の大きさを表す式を求めよ．
（2） Al と n-Si のショットキー接合がある．障壁高さを $0.6\,\mathrm{eV}$ とするとき，式 (3.41) で与えられる多数キャリヤによる電流と少数キャリヤによる電流の比を計算せよ．ただし，$L_p = 50\,\mathrm{\mu m}$，$T = 300\,\mathrm{K}$，$D_p = 20\,\mathrm{cm^2/s}$ とする．
（3） 図 3.10 に示すショットキー接合において，半導体中の電子のうち，障壁を超えるエネルギーを有する電子による電流への寄与を積分することで，$J_{s \to m}$ を次式のように表すことができる．この式を解析的に計算し，式 (3.32) を導出せよ．ただし，電子のエネルギーはすべて運動エネルギーであるとする．

$$J_{s \to m} = \int_{E_{F_n}}^{\infty} q v_x dn$$

4. 光検出素子の基礎

4.1 はじめに

　半導体に入射する光を電気出力として取り出す方法には，pn 接合を用いて起電力として取り出す方法（光起電力効果），半導体の電気抵抗が下がることを利用して電流を取り出す方法（光伝導効果），真空中への電子放射を利用して電流を取り出す方法（光電子放射効果）がある。受光素子の代表格である pin フォトダイオードとアバランシェフォトダイオード（avalanche photo diode：APD）は，pn 接合による光起電力効果を利用するデバイスである。

　本章では，フォトダイオードの動作の基本について学ぶ。光検出器の特性を，**表 4.1** にまとめた。入力信号をどれだけ大きくして検出するかを表す利得，動作スピード，さらには，動作温度を示すものである。光検出器の種類が多いということは，求められる性能が異なることを意味する。各光検出器にど

表 4.1　さまざまな光検出器の特性[1]

光検出器の種類	利　得	動作スピード〔s〕	動作温度〔K〕
光伝導セル	$1 \sim 10^6$	$10^{-3} \sim 10^{-8}$	$4.2 \sim 300$
pn フォトダイオード	1	10^{-11}	300
pin フォトダイオード	1	$10^{-8} \sim 10^{-11}$	300
ショットキーダイオード	1	10^{-11}	300
APD	$10^2 \sim 10^4$	10^{-10}	300
バイポーラ型フォトトランジスタ	10^2	10^{-8}	300
電界効果型	10^2	10^{-7}	300

のような特徴があるのか,違いはなにか,検出感度を決めているのはなにか,動作速度を決めている要因はなにかを考えながら,読み進めてほしい。まず,すべての受光素子に共通する光吸収係数からスタートする。

4.2 光吸収係数とキャリヤ生成割合

禁制帯幅よりも大きなエネルギーを持つ光が半導体に入射すると,価電子帯の電子が光のエネルギーを吸収して,伝導帯に遷移する。このとき,電子とホールがペアで生成する。また,半導体が光を吸収する能力を光吸収係数 α 〔cm^{-1}〕で表す。図 4.1 に示すように,単一エネルギー $\hbar\omega$ の光子が $1\,cm^2$ 当り 1 秒当り Φ_0 個入射するとき,半導体の表面から深さ x の位置の距離 Δx を通

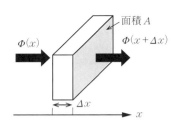

図 4.1 半導体片に入射する光子と吸収の概念図

過する間に吸収される光子数が,$\Phi(x)$ と距離 Δx に比例すると考え,その比例係数を α とし,次式が成り立つ。

$$[\Phi(x) - \Phi(x + \Delta x)]A \propto \Phi(x)\Delta x A = \alpha\Phi(x)\Delta x A \tag{4.1}$$

これより

$$-\frac{d\Phi(x)}{dx} = \alpha\Phi(x) \tag{4.2}$$

初期条件 $\Phi(x=0) = (1-R)\Phi_0$ より,深さ x の位置を通過する単位面積当り単位時間当りの光子数 $\Phi(x)$ は,裏面での反射を無視した場合,つぎのように表せる。

$$\Phi(x) = (1-R)\Phi_0 \exp(-\alpha x) \tag{4.3}$$

図 4.2 に,さまざまな半導体の光吸収係数の波長依存性を示す。光吸収係数は光の波長が短いほど,つまり,エネルギーが大きいほど大きくなる。ある光エネルギーで光吸収係数が α のとき,このエネルギーの光を吸収するのに必要な半導体の厚さはいくらであろうか。式 (4.3) より,表面から深さ $1/\alpha$,

86   4. 光検出素子の基礎

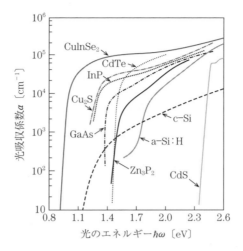

図 4.2 さまざまな半導体の光吸収係数[1]

$2/\alpha$, $3/\alpha$ほど光が進んだときに，表面$x=0$に比べて光の強度は，それぞれ，$e^{-1}(\cong 0.37)$，$e^{-2}(\cong 0.14)$，$e^{-3}(\cong 0.05)$に減衰する。これから，厚さが$1/\alpha$の3倍あれば，光のエネルギーの95％を吸収できるといえる。このため，光吸収係数が大きい半導体は，光吸収層を薄くすることが可能であり，薄膜太陽

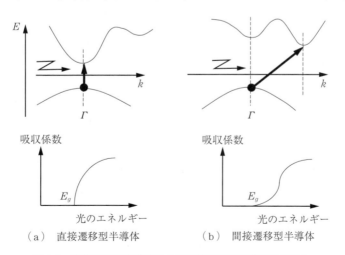

図 4.3 直接遷移型半導体および間接遷移型半導体における
吸収機構と光吸収係数のエネルギー依存性の模式図

電池に適している。光吸収係数の値は物質固有であり，価電子帯から伝導帯への電子の遷移確率に依存する。直接遷移型半導体では，電子の遷移過程でフォノンの吸収および放出過程を必ずしも伴わないが，間接遷移型半導体であるフォノンの介在が不可欠である。このため，一般に直接遷移型半導体のほうが間接遷移型半導体よりも光吸収係数が大きい。また，α は直接遷移型半導体では $\alpha \propto (\hbar\omega - E_g)^{1/2}$，間接遷移型半導体では $\alpha \propto (\hbar\omega - E_g \pm E_{フォノン})^2$ と表せる。このため，図 4.3 に示すように，直接遷移型半導体のほうが吸収端からの吸収係数の立ち上がりが急峻である。

4.3 動作モードについて

さまざまな半導体検出器があるが，受光素子に印加される電圧により，図 4.4 に示すように，三つの動作モードに大別される。

図 4.5 に，受光素子が動作する際のエネルギーバンドプロファイルを示す。

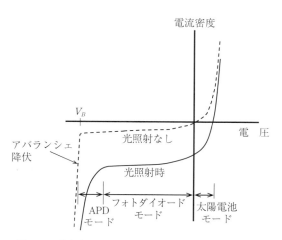

図 4.4 受光素子の電流電圧特性と三つの動作モード

88   4. 光検出素子の基礎

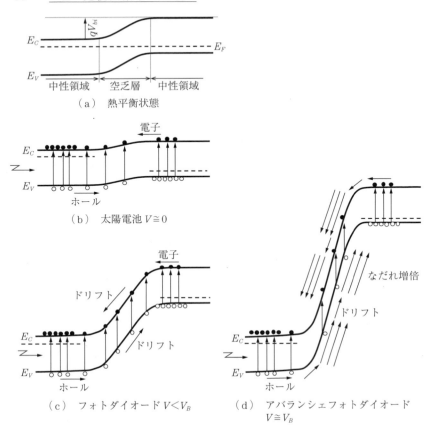

図 4.5 受光素子の動作モード時のエネルギーバンドプロファイル

4.3.1 太陽電池モード

　太陽電池モードでは，外部から電圧を印加せず，負荷抵抗での電圧降下に応じて pn 接合に順方向バイアスが印加される。まず，pn 接合ダイオードに光が入ると，半導体中で電子・ホール対が発生する。例えば，n 型領域で生成したホールは，平均して拡散長ほど四方八方に拡散した後に多数キャリヤの電子と再結合して消滅する。しかし，空乏層端からホールの拡散長以内の領域で発生した電子は空乏層端にたどり着き，空乏層の電場によりドリフトして p 型領域に達する。p 型領域で発生した電子は，同様のプロセスを経て n 型領域に到

達する。空乏層で発生した電子・ホール対は，ドリフトにより分離されて，電子はn型領域に，ホールはp型領域に到達する。これらのキャリヤの流れが光電流である。光電流により，n型には電子が，p型にはホールが蓄積し，pn接合に順方向バイアスが印加される。このように，少数キャリヤが逆向きに空乏層を通過するということは，図4.4に示したように，順方向バイアスが印加されながらも逆方向に光電流が流れることを示している。太陽電池を流れる電流の表式は，5章で求める。

4.3.2 フォトダイオードモード

フォトダイオードモードでは，図4.6に示すように，pn接合にアバランシェ降伏が生じない程度の逆方向バイアスを印加する。このモードでは，光のエネルギーを電気のエネルギーに変える光電変換効率と応答速度が，バイアス電圧依存性を持つ。空乏層幅の狭い太陽電池（結晶Si太陽電池では，全体の厚さ約200μmに対し，空乏層幅は0.5μm程度）では，光吸収によって発生

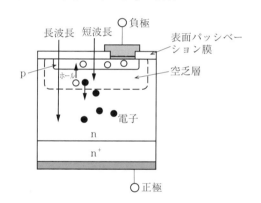

図 4.6 フォトダイオード動作時の概略図

した電子・ホール対の大部分が電場の存在しない中性領域で発生する。このため，拡散長が十分に長くなるよう高品位化が不可欠である。一方，p層とn層の間にキャリヤ密度のきわめて低い（$10^{14}\,\mathrm{cm}^{-3}$以下）真性半導体（intrinsic semiconductor）に近い層i層を挟んだpinフォトダイオードでは，空乏層幅（つまり，i層の厚さ）を十分に厚くでき，その中でほとんどの光を吸収するようにすることで，発生した電子とホールを空乏層内の電場で分離し，きわめて高い光電変換効率が達成される。ここでは，量子効率（quantum efficiency）と呼ばれる，次式で定義される値が重要である。

90   4.　光検出素子の基礎

$$\eta = \frac{\text{光電流に寄与するキャリヤ数}}{\text{入射光子数}} \tag{4.4}$$

入射光のエネルギーが $\hbar\omega$〔eV〕で，入射光強度 P_{in}〔W〕，光電流が I_L〔A〕のとき，量子効率は，つぎのようにも表せる。

$$\eta = \frac{I_L/q}{P_{\text{in}}/\hbar\omega} \tag{4.5}$$

また，式 (4.6) で表せる物理量を受光感度 S〔A/W〕という。

$$S = \frac{\text{光電流}}{\text{入射光強度}} = \frac{I_L}{P_{\text{in}}} = \frac{q\eta}{\hbar\omega} \tag{4.6}$$

逆方向バイアスを印加したときに，空乏層が十分に広がるように，光吸収を行う層はキャリヤ密度が小さい必要がある。

応答速度の面では，空乏層は接合容量の働きをして CR 時定数を決める。同時に，空乏層をキャリヤがドリフト走行するための時間も応答速度を支配する。

4.3.3　ショットキーダイオード

pin 構造のフォトダイオードには，ショットキー障壁型もある。これをショットキーダイオード（Schottky diode）という。金属と半導体表面間に形成されるショットキー障壁が pn 接合と同様の働きをして，光電流を生み出し，さらに，電子とホールを空間分離して外部回路に取り出す。

金属/n 型半導体に単色光（エネルギー $\hbar\omega$）の光を照射した際に得られる光電流密度 J_L を求めてみよう（**図 4.7**）。求める電流密度は，（1）空乏層で発生する電流と（2）n 型中性領域で発生する電流の和であり，それぞれ，空乏層および n 型中性領域でのキャリヤ密度分布が得られれば，電流を求めることができる。ショットキーダイオード表面の電極は，光が透過できるようきわめて薄くなっている。

（1）　空乏層で発生する電流　　$x = 0$ において，エネルギー $\hbar\omega$ の単色光が単位時間当り単位面積当り強度 Φ_0 個で照射されている。エネルギー $\hbar\omega$ における半導体の光吸収係数を α として，この空乏層で発生する電流を求める。ただし，空乏層には内部電場があるため，電子・ホール対の再結合が小さく無

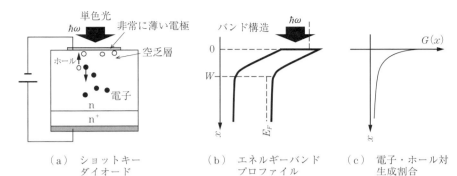

(a) ショットキーダイオード　　(b) エネルギーバンドプロファイル　　(c) 電子・ホール対生成割合

図 4.7 逆方向バイアスを印加したショットキーダイオードに，エネルギー $\hbar\omega$ を持つ単色光が入射する際の模式図（エネルギーバンドプロファイル，電子・ホール対生成割合）

視できるとする（$U=0$）．さらに，量子効率を 100% と仮定する．まず，表面から x の位置における電子電流 $J_e(x)$ を求める．

表面から x の位置でのキャリヤ生成割合 $G(x) = \alpha\Phi_0(1-R)e^{-\alpha x}$ より

$$\frac{dn}{dt} = \frac{1}{q}\frac{dJ_e(x)}{dx} + G - U \tag{4.7}$$

定常状態では

$$\frac{1}{q}\frac{dJ_e(x)}{dx} + \alpha\Phi_0(1-R)e^{-\alpha x} = 0 \tag{4.8}$$

$$J_e(x) = q\Phi_0(1-R)e^{-\alpha x} + C$$

ここで，境界条件 $J_e(x=0) = 0$ とすると

$$J_e(x) = q\Phi_0(1-R)(e^{-\alpha x} - 1) \tag{4.9}$$

つぎに，この位置でのホール電流 $J_h(x)$ を求める．

$$\frac{dp}{dt} = -\frac{1}{q}\frac{dJ_h(x)}{dx} + G - U \tag{4.10}$$

これより定常状態では

$$\frac{1}{q}\frac{dJ_h(x)}{dx} - \alpha\Phi_0(1-R)e^{-\alpha x} = 0 \tag{4.11}$$

$$J_h(x) = -q\Phi_0(1-R)e^{-\alpha x} + C$$

92　　4．光検出素子の基礎

ここで，境界条件 $J_h(x = W) = 0$ とすると

$$J_h(x) = q\Phi_0(1 - R)(e^{-\alpha W} - e^{-\alpha x}) \tag{4.12}$$

式 (4.9)，(4.12) より，場所 x での電子電流とホール電流の和 J は

$$J(x) = q\Phi_0(1 - R)(e^{-\alpha W} - 1) \tag{4.13}$$

$J < 0$ となっているので，x 軸の負方向に電流が流れるといえる。

別の導出方法は，つぎのとおりである。

$$J = q\int_0^W G(x)dx = q\alpha(1 - R)\Phi_0\int_0^W e^{-\alpha x}dx = q\Phi_0(1 - R)(e^{-\alpha W} - 1)$$

$$\tag{4.14}$$

（2）　n 型中性領域で発生する電流　　少数キャリヤ（ホール）に起因する
ホール電流について

$$\frac{dp}{dt} = -\frac{1}{q}\frac{dJ_h(x)}{dx} + G - U \quad (x > W)$$

より，定常状態では

$$D_h\frac{d^2\Delta p_n}{dx^2} - \frac{\Delta p_n}{\tau_h} + \alpha\Phi_0(1 - R)e^{-\alpha x} = 0 \tag{4.15}$$

$$\frac{d^2\Delta p_n}{dx^2} - \frac{\Delta p_n}{L_h{}^2} + \frac{\alpha\Phi_0(1 - R)e^{-\alpha x}}{D_h} = \frac{d^2\Delta p_n}{dx^2} - \frac{\Delta p_n}{L_h{}^2} - Ae^{-\alpha x} = 0$$

$$\tag{4.16}$$

この微分方程式の解の形は，つぎのようになる。

$$\frac{d^2\Delta p_n}{dx^2} - \frac{\Delta p_n}{L_h{}^2} = 0$$

一般解は

$$\Delta p_n(x) = C_1 e^{x/L_h} + C_2 e^{-x/L_h}$$

特殊解を $\Delta p_n(x) = Be^{-\alpha x}$ とおいて，式 (4.16) に代入すると

$$\left(\alpha^2 - \frac{1}{L_h{}^2}\right)B = A$$

より

$$B = \frac{L_p{}^2}{\alpha^2 L_h{}^2 - 1}A$$

$$\Delta p_n(x) = C_1 e^{x/L_h} + C_2 e^{-x/L_h} + \frac{L_h^2}{1 - \alpha^2 L_h^2} \times \frac{\alpha \Phi_0(1 - R)e^{-\alpha x}}{D_h}$$

$$= C_1 e^{x/L_p} + C_2 e^{-x/L_p} + \frac{\Phi_0(1 - R)}{D_h} \frac{\alpha L_p^2}{1 - \alpha^2 L_p^2} e^{-\alpha x}$$

$$= C_1 e^{x/L_h} + C_2 e^{-x/L_h} + \Phi_0(1 - R) \frac{\alpha \tau}{1 - \alpha^2 L_h^2} e^{-\alpha x}$$

$$= C_1 e^{x/L_h} + C_2 e^{-x/L_h} + F e^{-\alpha x}$$

境界条件は，$\Delta p_n(x = \infty) = 0$ より

$$C_1 = 0$$

さらに，ショットキー接合では，$p_n(x = W) = 0$ より

$$C_2 e^{-W/L_h} + F e^{-\alpha W} + p_{n0} = 0$$

これより

$$p_n(x) = p_{n0} + (- p_{n0} - F e^{-\alpha W})e^{(W-x)/L_h} + F e^{-\alpha x} \tag{4.17}$$

よって

$$J_p = - qD_p \frac{dp_n}{dx} \ (x = W)$$

$$= - qD_p(p_{n0} + F e^{-\alpha W}) \times \frac{1}{L_h} - qD_h(- \alpha)F e^{-\alpha W}$$

$$= - qp_{n0} \frac{D_h}{L_h} - qD_h \times F e^{-\alpha W}\left(1 - \frac{\alpha}{L_h}\right)$$

$$= - qp_{n0} \frac{D_h}{L_h} - q\Phi_0(1 - R) \times \frac{\alpha L_h}{1 + \alpha L_h} \times e^{-\alpha W}$$

以上より

$$J = q\Phi_0(1 - R)(e^{-\alpha W} - 1) - qp_{n0} \frac{D_h}{L_h} - q\Phi_0(1 - R) \times \frac{\alpha L_h}{1 + \alpha L_h}$$

$$\times e^{-\alpha W} + J_s(e^{qV/k_B T} - 1) \tag{4.18}$$

右辺の最終項は，式(3.37)で与えられる暗電流である。

ショットキー接合には逆方向バイアスが印加されているため

$$J_L = q\Phi_0(1 - R)(e^{-\alpha W} - 1) - qp_{n0} \frac{D_h}{L_h} - q\Phi_0(1 - R)$$

$$\times \frac{\alpha L_h}{1+\alpha L_h} \times e^{-\alpha W}$$

$$= -qp_{n0}\frac{D_h}{L_h} - q\Phi_0(1-R)\times\left(1-\frac{e^{-\alpha W}}{1+\alpha L_h}\right) \quad (4.19)$$

4.3.4 APD モード

APDモードでは，図4.4に示したように，pn接合にアバランシェ降伏が生じる程度の逆方向バイアスを印加する。先に述べた太陽電池モードとフォトダイオードモードでは，入射光に含まれる光子数よりも多くの電子・ホール対を取り出すことは不可能である。pn接合に逆バイアス電圧を印加する際，ある電圧よりも高くすると，空乏層内において高電界で加速された電子およびホールによって，結晶を構成する原子のイオン化が生じ，その際に発生する電子・ホール対が，また高電界で加速されて原子のイオン化を引き起こして電子・ホール対を発生するというイオン化の連鎖が生じる。この現象により，図4.4に示したように，きわめて大きな光電流が得られる。この現象はアバランシェ増倍（avalanche multiplication）と呼ばれ，太陽電池モードおよびフォトダイオードモードで得られる光電流に比べてはるかに大きな光電流が得られる。これを利用したダイオードがAPDである。APDはフォトダイオードよりも印加電圧が大きいため，空乏層幅は十分に広がって接合容量が小さくなる。また，キャリヤのドリフト速度が大きいため走行時間が短い。このため，高速応答が得られる。ここでは，アバランシェ増倍の様子を，図4.8で詳しく見る。

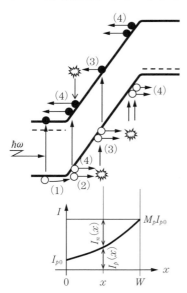

図 4.8　アバランシェ増倍の過程を示す模式図

いま，n型領域から光吸収によって生じ

たホールが，拡散により空乏層に入ってくるとする〔図 4.8(1)〕。空乏層内の電場で加速され，平均自由行程ほどの距離を走った後，格子と衝突して自らはエネルギーを失い，電子・ホール対を生成する〔図 4.8(2)〕。発生した電子とホールは，電場により反対方向にドリフトして，再び格子と衝突して電子・ホール対を生じる〔図 4.8(3)〕。このような過程を繰り返してなだれ的に電流が増加する。上記の説明では，アバランシェを起こすキャリヤの原因をホールによる拡散電流としたが，空乏層内で光吸収によって生じる電子・ホール対であってもアバランシェを引き起こす。

図 4.8 の下図に，ホール増倍によるホール電流 $I_p(x)$ の増大と，これに伴う電子の増倍による電子電流 $I_n(x)$ の増大とを示している。ホール電流は $x = 0$ で I_{p0} であり，$x = W$ で $M_p I_{p0}$ まで増加する。M_p はホールの増倍率である。電子電流は $x = W$ から $x = 0$ に向かって増大する。定常状態では，全電流 $I = I_p(x) + I_n(x)$ は空乏層の全領域にわたり一定でなければならない。位置 x での微小距離 dx でのホール数の増加は，ホールの衝突によるイオン化で発生したホール数 $I_p(x)/q \cdot \beta_h dx$ と，電子の衝突によるイオン化で発生したホール数 $I_p(x)/q \cdot \alpha_e dx$ の和に等しい。ここで，α_e と β_h はイオン化率である。α_e は，1 個の電子が単位距離移動したときに生成する電子・ホール対の数である。一方，β_h は，1 個のホールが単位距離移動したときに生成する電子・ホール対の数である。

よって

$$d\left(\frac{I_p(x)}{q}\right) = \frac{I_p(x)}{q}\beta_h dx + \frac{I_n(x)}{q}\alpha_e dx$$

であり，$I_n(x) = I - I_p(x)$ を用い整理して

$$\frac{dI_p(x)}{dx} - (\beta_h - \alpha_e)I_p(x) = \alpha_e I \tag{4.20}$$

これを $I_p(W) = M_p I_{p0}$，$I_p(0) = I_{p0}$ で解いて

$$I_p(x) = I\left[\frac{1}{M_p} + \int_0^x \alpha_e e^{-\int_0^x (\beta_h - \alpha_e)\,dx}dx\right] \times e^{\int_0^x (\beta_h - \alpha_e)\,dx} \tag{4.21}$$

積分を x の全区間で行うと

$$1 - \frac{1}{M_p} = \int_0^W \beta_h e^{-\int_0^x (\beta_h - \alpha_e) dx'} dx \tag{4.22}$$

ホールの代わりに電子がアバランシェ増倍のきっかけを作る場合には

$$1 - \frac{1}{M_n} = \int_0^W \alpha_e e^{-\int_x^W (\alpha_e - \beta_h) dx'} dx \tag{4.23}$$

ここで，M_n は電子の増倍率である。

アバランシェによる電流電圧特性に生じる急激な電流増加は，M_p, $M_n = \infty$ となる電圧で定義される。

したがって，式 (4.22) および (4.23) から，アバランシェ増倍の条件は，つぎのように求めることができる。

$$\int_0^W \beta_h e^{-\int_0^x (\beta_h - \alpha_e) dx'} dx = 1 \tag{4.24}$$

$$\int_0^W \alpha_e e^{-\int_x^W (\alpha_e - \beta_h) dx'} dx = 1 \tag{4.25}$$

アバランシェ現象は，結晶 Si では約 2×10^5 V/cm，結晶 Ge では約 1×10^5 V/cm の電場強度から発生する。

4.3.5 光伝導セル

光伝導セルとは，半導体の抵抗の大きさが，光照射時に変わる光伝導効果を利用した受光素子であり，前出のフォトダイオードや APD とは動作原理が異なる。**図 4.9** に示す直方体形状の半導体に電圧 V_0 が印加されているとする。n 型半導体で，熱平衡時の電子密度を n_{n0}，ホール密度を p_{n0} とする。このときに流れる電流 I は，つぎのように書ける。

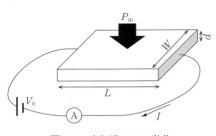

図 4.9 光伝導セルの動作

$$I = Wdq(n_{n0}\mu_e + p_{n0}\mu_h)\frac{V_0}{L} \cong qn_{n0}\mu_e \frac{V_0}{L} Wd \tag{4.26}$$

ここで，エネルギー $\hbar\omega$ の単色光を P_{in}〔W〕照射する。また，半導体表面での光の反射はないと仮定した。定常状態では，発生するキャリヤ数は光吸収によって消滅するフォトン数に等しい。半導体の厚み d は，光の侵入長 $3/\alpha$ よりも十分に大きいとすると，単位体積当り単位時間当りのキャリヤ発生数 G は，キャリヤ寿命時間を τ とすると，$G = \Delta n/\tau$ となる。光照射により発生する電子密度 Δn が，多数キャリヤ密度（電子）よりも圧倒的に多いとする。このとき，$n_n = n_{n0} + \Delta n \cong \Delta n = G\tau$ なので，光照射時に流れる光電流 I_L は

$$I_L = q\Delta n\mu_e \frac{V_0}{L}\,Wd = qG\tau\mu_e \frac{V_0}{L}\,Wd \tag{4.27}$$

ここで，量子効率 η を用いて

$$G = \eta\,\frac{P_{\text{in}}}{\hbar\omega}\,\frac{1}{LWd} \tag{4.28}$$

また，キャリヤ走行時間 t_{tra} は

$$t_{\text{tra}} = \frac{L}{\mu_e \dfrac{V_0}{L}} = \frac{L^2}{\mu_e V_0} \tag{4.29}$$

これより

$$I_L = q\left(\eta\,\frac{P_{\text{in}}}{\hbar\omega}\right)\frac{\tau}{t_{\text{tra}}} \tag{4.30}$$

ここで，一次光電流 I_{ph} を $I_{\text{ph}} = q[\eta\,P_{\text{in}}/(\hbar\omega)]$ とすると，光電流利得は，つぎのように表せる。

$$G_{\text{gain}} = \frac{I_p}{I_{\text{ph}}} = \frac{\tau}{t_{\text{tra}}} \tag{4.31}$$

また，受光感度 S〔A/W〕は，つぎのようになる。

$$S = \frac{I_L}{P_{\text{in}}} = \eta\,\frac{q}{\hbar\omega} \times G_{\text{gain}} \tag{4.32}$$

キャリヤ寿命時間が長く，キャリヤ走行時間が短い場合，利得は 1 よりも大きくなり，10^6 の利得が得られる場合もある。光伝導セルは，同じ波長領域のほかの光検出器と比較して，検出能力が高く，室温動作が可能となった優れた面がある。一方で，周辺温度によっては抵抗値，感度，応答速度が変わるた

め，使用上注意する必要がある。

4.4 応 答 速 度

受光素子では，量子効率も重要であるが，5章で登場する太陽電池と異なり，応答速度も素子に求められる重要な特性の一つである。受光素子の応答速度は，CR 時定数と空乏層内のキャリヤの走行時間によって決まる。

4.4.1 CR 時 定 数

受光素子は，**図 4.10** に示すように，外部に負荷抵抗 R_L をつないで使う。

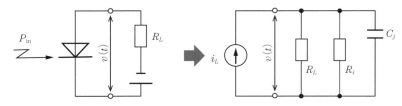

図 4.10 受光回路の簡単な等価回路

受光素子は pn 接合ダイオードであり，接合容量 C_j がある。また，キャリヤ密度のきわめて少ない空乏層があるため，内部に抵抗 R_i を持つ。正弦波またはパルス状の光が受光素子に入射して，光電流 i_L が生じたとする。このとき，負荷抵抗に現れる電圧 $v(t)$ を導出する。図 4.10 の回路では，次式が成り立つ。

$$C_j \frac{dv(t)}{dt} + \frac{v(t)}{R_t} = i_L \tag{4.33}$$

ただし

$$\frac{1}{R_t} = \frac{1}{R_L} + \frac{1}{R_i} \tag{4.34}$$

$i_s(t) = i_0 \exp(j\omega t)$ とすると，式 (4.33) の解は

$$v(t) = \frac{i_0 R_t}{1 + j\omega C_j R_t} \tag{4.35}$$

$f = 0$ のときの値と比較して規格化すると

$$\frac{v(t)}{v(0)} = \frac{1}{1 + j\omega C_j R_t} \tag{4.36}$$

電圧が $f = 0$ の値の $1/\sqrt{2}$ 倍になる周波数を遮断周波数（cut-off frequency：f_c）という。f_c は，次式のように求められる。

$$f_c = \frac{1}{2\pi C_j R_t} \tag{4.37}$$

これより，$C_j R_t$ 時定数を小さくすることが高速応答には必要といえる。Si の pin フォトダイオードの例を挙げ，f_c を計算する。接合面積 $A = 5 \times 10^{-4}$ cm^2，$R_L = 50\,\Omega\,(R_L \gg R_i)$ の場合，$C_j = 0.17\,\mathrm{pF}$ である。式 (4.37) より，$f_c = 18\,\mathrm{GHz}$ と計算される。入力の光信号がパルスのときには，パルス幅よりも十分小さな $C_j R_t$ 時定数が必要である。$C_j R_t$ 時定数は，空乏層の厚さを大きくし接合容量 C_j を小さくすることで達成される。このことは，同時に量子効率を高めることにもつながる。

4.4.2 走 行 時 間

CR 時定数が小さく，かつ，量子効率を高めるには，広い空乏層をドリフト速度の大きな光生成キャリヤが走行する必要がある。例えば，飽和ドリフト速度 $10^7\,\mathrm{cm/s}$ で $30\,\mathrm{\mu m}$ の空乏層を走行するには $0.3\,\mathrm{ns}$ の走行時間がかかる。

いま，入射光が空乏層内でほとんど吸収されるほど厚い空乏層を考える。また，空乏層内の電場は大きく，電子とホールは飽和速度 v_{sat} で空乏層内をドリフトすると仮定する。

図 4.11 に示すように，入射光を $P_{\mathrm{in}}(t) = P_0 \exp(j\omega t)$ とすると，時刻 t での $x = 0$ における光電流密度 $J_s(t)$ は，位置 x で時刻 $(t - x/v_{\mathrm{sat}})$ に発生した電子が，空乏層端 $x = 0$ に到達する電子数で表せる。電子に着目したが，ホールに着目しても同じ結果となる。

$$J_s(t) = q\,\frac{P_0}{\hbar\omega}\,\frac{\displaystyle\int_0^W \exp\left[j\omega\left(t - \frac{x}{v_{\mathrm{sat}}}\right)\right]dx}{W}$$

4. 光検出素子の基礎

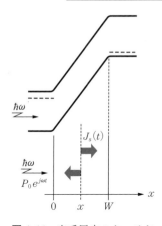

図 4.11 空乏層内のキャリヤのドリフトを表す概念図

$$= q\frac{P_0}{\hbar\omega}\left[\frac{1-e^{-j\omega(W/v_{\text{sat}})}}{j\omega\dfrac{W}{v_{\text{sat}}}}\right]e^{j\omega t} \tag{4.38}$$

$\omega \to 0$ の値は,ロピタルの定理を利用して

$$J_s(t) = q\frac{P_0}{\hbar\omega}\lim_{\omega\to 0}\left[\frac{j\dfrac{W}{v_{\text{sat}}}e^{-j\omega(W/v_{\text{sat}})}}{j\dfrac{W}{v_{\text{sat}}}}\right]e^{j\omega t}$$

$$= q\frac{P_0}{\hbar\omega}e^{j\omega t} \tag{4.39}$$

式 (4.38) および (4.39) より

$$\frac{J_s(\omega)}{J_s(\omega=0)} = \frac{1-e^{-j\omega(W/v_{\text{sat}})}}{j\omega\dfrac{W}{v_{\text{sat}}}} \tag{4.40}$$

式 (4.40) より,電流の大きさが $\omega=0$ の値の $1/\sqrt{2}$ 倍になる角周波数 ω_c は,$\omega_c(W/v_{\text{sat}}) = 2.78$ と計算される。空乏層幅が 30 μm のときには走行時間が 0.3 ns であったので,f_c は 1.5 GHz と計算される。この値は,先に求めた CR 時定数で制限される遮断周波数 18 GHz よりも格段に小さい。このため,この条件下ではキャリヤ走行時間が受光素子の遮断周波数を制限するといえる。一般に,CR 時定数で決まる遮断周波数を f_C^{CR} と,走行時間で決まる遮断周波数を f_C^{tra} とすると,回路全体の遮断周波数,つまり,応答の上限周波数 f_m は,次式で表せる。

$$\frac{1}{f_m{}^2} = \frac{1}{f_C^{CR^2}} + \frac{1}{f_C^{\text{tra}^2}} \tag{4.41}$$

上記の計算では,入射光はすべて空乏層内部で吸収されると仮定した。空乏層幅が光の吸収長に比べて十分大きくない場合には,空乏層の外側の中性領域で発生した少数キャリヤが拡散して空乏層内に入る。この場合は,拡散による時間遅れが生じるため,高速応答が不可能になる。

4.5 雑　　　　音

受光素子では，量子効率や応答速度以外に信号対雑音比（SN 比）も重要なパラメータである。SN 比が大きいほど良好である。基本的な雑音には二つある。一つは光電流によって生じるショット雑音（shot noise），もう一つが温度が 0 K でないために負荷抵抗および増幅器で発生する熱雑音（thermal noise。Johnson noise, Nyquist noise とも呼ばれる）である。ここでは，これら二つを取り上げる。

4.5.1 ショット雑音

受光素子を流れる電流は，空乏層内の電子およびホールの動きに基づいている。これら荷電粒子の動きがランダムであるために，電流に揺らぎが発生する。これがショット雑音である。したがって，この雑音は半導体素子に本質的に存在する。時間的にランダムな現象を周波数上での分布として捉えるようにフーリエ変換により，周波数 f から $f + \Delta f$ の周波数帯域における雑音電流の振幅の 2 乗平均値は，次式で表される。

$$\overline{i_{Ns}^2} = 2q\bar{I}\Delta f \tag{4.42}$$

ここで，$\bar{I}$ は受光素子を流れる平均電流である。また，Δf を雑音帯域幅という。受光素子では，光信号を受けて光電流 i_L が発生するが，それに加えてショット雑音（i_{Ns}）が発生するので，受光素子の等価回路は電気的には，**図 4.12** となる。

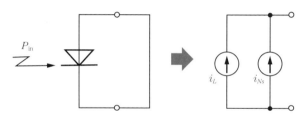

図 4.12　ショット雑音の等価回路

4.5.2 熱　雑　音

　負荷抵抗などの抵抗体には電子やホールなどのキャリヤが存在し，抵抗体の温度に応じてキャリヤがランダムな熱運動をしている．キャリヤは荷電粒子であるので，これらが動けば交流電圧が発生し，これに接続された回路には交流電流が流れる．これが熱雑音である．

　熱雑音は，$(3/2)k_BT$ の平均運動エネルギーを持つ個々のキャリヤのランダムな運動に対応する微小パルス電流の集まりと捉えることができる．したがって，時間的にランダムな現象を周波数上の分布として捉えることができる．周波数 f から $f+\Delta f$ の周波数帯域における負荷抵抗 R_L で発生する熱雑音電流の振幅の2乗平均値は，絶対温度 T を用いて，次式で表される．

$$\overline{i_{Nt}^2} = \frac{4k_BT\Delta f}{R_L} \tag{4.43}$$

熱雑音は，電気的には雑音電流源として，図 4.13 の等価回路で表される．

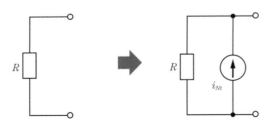

図 4.13　熱雑音の等価回路

4.5.3　光検出器の性能を表す指標

　ショット雑音および熱雑音による電流が，図 4.10 に示した光検出器の負荷抵抗に流れる．このとき，負荷抵抗で発生する信号電力と雑音電力の比を SN 比と呼ぶ．SN 比が大きいほど雑音が少なく良好な受光特性が得られる．また，所望の SN 比を得るために必要な最小の受光信号出力を見積もることも可能になる．SN 比は，信号電流の2乗平均値 $\overline{i_s^2}$ を用いて，次式で表される．

$$\text{SN 比} = \frac{\overline{i_s^2}}{\overline{i_{Ns}^2} + \overline{i_{Nt}^2}} \tag{4.44}$$

$\overline{i_s^2}$ は，光検出器の種類により大きさが異なる。これは，表 4.1 で示したように，光検出器の種類により利得が大きく異なるためである。以下に，SN 比を具体的に示す。平均的な入射光強度を P_{in} とし，変調周波数 ω および変調度 m により入射光を変調すると，光検出器に入射する入射光強度 $P(\omega)$ は，次式のように表せる。

$$P(\omega) = P_{\text{in}}[1 + m \exp(j\omega t)] \tag{4.45}$$

このとき，素子に入射する光強度の 2 乗平均平方根（rms 値）は $mP_{\text{in}}/\sqrt{2}$ となる。

（1） pin フォトダイオードの場合　素子に流れる平均的な光電流は，$I_{\text{ph}} = q[\eta\{P_{\text{in}}/(\hbar\omega)\}]$ である。よって，素子を流れる光電流の 2 乗平均平方根は，つぎのようになる。

$$\sqrt{\overline{i_s^2}} = mq\left(\eta \frac{P_{\text{in}}}{\sqrt{2}\,\hbar\omega}\right) \tag{4.46}$$

受光素子には，光電流 I_{ph} のほかにダイオードに光が入射していなくても流れる暗電流 I_{dark} がある。よって

$$\overline{i_{Ns}^2} = 2q(I_{\text{ph}} + I_{\text{dark}})\Delta f \tag{4.47}$$

これに熱雑音を考慮して

$$\text{SN 比} = \frac{\dfrac{1}{2}\left(mq\,\eta\,\dfrac{P_{\text{in}}}{\hbar\omega}\right)^2}{2q(I_{\text{ph}} + I_{\text{dark}})\Delta f + \dfrac{4k_BT\Delta f}{R_L}} \tag{4.48}$$

式 (4.48) から，SN 比を大きくするには負荷抵抗 R_L が大きいほどよいといえる。R_L が大きく，かつ，Δf が小さい低周波では，暗電流が雑音の主体である。高周波では式 (4.37) で示したように，応答速度を高めるために R_L は小さく制限され，熱雑音が主体となる。

（2） APD ダイオードの場合　電流の増倍率を M とすると，光電流は MI_p となる。アバランシェ増幅の過程では，光電流と同時に雑音も増倍する。

104　　4. 光検出素子の基礎

そのため，SN 比は，つぎのように表せる。

$$\text{SN 比} = \frac{\frac{1}{2}\left(mq\,\eta\,\frac{P_\text{in}}{\hbar\omega}\right)^2 M^2}{2q(I_\text{ph} + I_\text{dark})M^2 F\Delta f + \frac{4k_B T\Delta f}{R_L}} \tag{4.49}$$

ここで，F を過剰雑音指数という。一般に，pin フォトダイオードと APD は，受信用としてつぎのように使い分けられる。動作スピードを求められない場合は，負荷抵抗 R_L（増幅器の入力抵抗に相当する）を大きくすることによって SN 比を改善できるため，pin フォトダイオードを用いる。一方，動作スピードが求められるときは，CR 時定数を小さくする必要があり，このときには R_L をあまり大きくすることが難しい。このような場合，ショット雑音の許す限り光信号を増倍できる APD が用いられる。

（3）　光伝導セルの場合　　素子を流れる光電流の 2 乗平均平方根は，つぎのように表せる[1),2)]。

$$\sqrt{\overline{i_s{}^2}} \approx mq\left(\eta\,\frac{P_\text{in}}{\sqrt{2}\,\hbar\omega}\right)\left(\frac{\tau}{t_\text{tra}}\right)\frac{1}{(1 + \omega^2\tau^2)^{1/2}} \tag{4.50}$$

また，熱雑音は式 (4.43) で表せる。一方，ショット雑音は式 (4.51) のようになる[3)]。

$$\overline{i_{Ns}{}^2} = \left(\frac{\tau}{t_\text{tra}}\right)\frac{4qI_p\Delta f}{1 + \omega^2\tau^2} \tag{4.51}$$

式 (4.43)，(4.50)，(4.51) より

$$\text{SN 比} = \frac{m^2\eta\left(\frac{P_\text{in}}{\hbar\omega}\right)^2}{8\Delta f}\left[1 + \frac{k_B T}{q}\frac{\tau}{t_\text{tra}}\frac{1 + \omega^2\tau^2}{R_L I_p}\right]^{-1} \tag{4.52}$$

SN 比が 1 になる入射光強度 P_in を等価雑音電力（noise equivalent power：NEP）という。もう一つの重要な指標として，比検出能力（D^*，ディ・スター）がある。これは，式 (4.53) で表され，単位は〔cm·Hz$^{1/2}$/W〕である。1 W の光入力があったときに，光検出素子の交流的な SN 比がどれだけ大きいかを示す指標となる量である。光検出素子の面積によらず材料の特性そのものを比べられるように，光検出器の素子面積 1 cm^2，雑音帯域 1 Hz で規格化してい

る。D^* が大きいほどよい検出器といえる。**図 4.14** に，赤外線検出素子の分光感度特性（D^* 値）の代表例を示す。

$$D^* = \frac{(\text{SN 比})\sqrt{\Delta f}}{P_{\text{in}}\sqrt{A}} \tag{4.53}$$

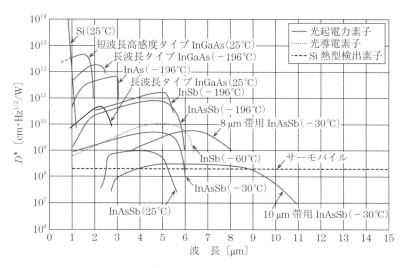

図 4.14 浜松ホトニクスの赤外線検出素子の分光感度特性（D^* 値）の代表例[4]

また，NEP と D^* には，つぎの関係がある。

$$D^* = \frac{\sqrt{A}}{\text{NEP}} \tag{4.54}$$

ここで，A は受光面積である。

章　末　問　題

（1）分光感度 S と量子効率 η および光の波長 λ〔μm〕の間に，つぎの関係があることを導け。

$$S = \frac{\eta\lambda}{1.24}$$

（2）つぎの条件の下で，光伝導セルに流れる電流と利得を計算せよ。

　　光のエネルギー 3 eV で強度は 1 μW，量子効率が 0.85，少数キャリヤ寿命

106   4. 光検出素子の基礎

時間が 0.6 ns，半導体の電子の移動度が 2 500 cm^2/(V·s) で，電場の大きさが 5 000 V/cm，電場印加方向の素子の長さが 10 μm とする。

（3） フォトダイオードでは，入射光を十分に吸収するには光吸収層が十分厚い必要がある。一方，光吸収層が厚くなるとキャリヤ走行時間がかかるため，応答速度が低下する。Si のフォトダイオードで，変調周波数 5 GHz の信号を受光するのに適した空乏層幅を求めよ。

（4） 光照射下でのフォトダイオードと太陽電池の電流電圧特性は似ている。ここでは，両者の決定的な違いをいくつか挙げよ。

章末問題の解答例のダウンロードについて

以下の Web ページからダウンロード可能である。

http://www.coronasha.co.jp/np/isbn/9784339009101/

（本書の書籍ページ。コロナ社のトップページから書名検索でもアクセスできる）

ダウンロードに必要なパスワードは「009101」。

5. 太陽電池

5.1 は じ め に

　著者が大学院生であった 1990 年代中ごろは，太陽光パネルを屋根に載せた一般家庭を見ることはまだ珍しかった。しかし，今日，太陽電池の変換効率向上と価格低下のおかげで，さらに，環境への関心の高まりと政府の太陽電池導入促進の後押しもあり，太陽光パネルを見ることは当たり前になってきた。特に，2011 年 3 月に起こった東日本大震災は，われわれに再生可能エネルギーの重要性を深く考えさせる契機になった。

　太陽電池では，pn 接合ダイオードに光が照射され，そこで生じたキャリヤがどのように空間分離されるのかを理解することが重要である。特に，結晶 Si 太陽電池では，電場がない中性領域において光吸収で生じたキャリヤの輸送により光電流密度が決まる。このようなキャリヤの輸送を決定する物理量はなんであるかを理解することが重要である。また，太陽電池を流れる電流密度の大きさは 40 mA/cm^2 程度である。ただし，結晶 Si のセル 1 個の面積が約 100 cm^2 と大きいため，セル 1 枚当りの電流は数 A にも達する。一方，7，8 章に登場する発光素子は太陽電池と同じ pn 接合ダイオードであるが，電流が流れる方向が異なり，さらに，電流密度は数〜数 kA/cm^2 と，その大きさは太陽電池を流れる電流密度に比べて 10^3〜10^6 も大きい。ただし，素子の面積が小さいため，素子を流れる電流は数〜数百 mA となる。このように，素子を流れる電流および電流密度の大きさの違いにも注意してほしい。

5.2 太陽光のスペクトル

太陽では，1秒間当り5.6×10^{11} kgの水素が核融合反応によりHeに変わる。このとき，約0.7％の質量が失われ，次式に従い電磁波を放出する。

$$P = \Delta mc^2 = 5.6 \times 10^{11} \times 0.007 \times (3 \times 10^8)^2 \approx 4 \times 10^{26} \ [\text{W}] \quad (5.1)$$

よって，太陽を4×10^{26} Wのエネルギーを放つ光源と見なすことができる。**図5.1**に，太陽光のスペクトルを示す。約6000 Kの黒体輻射で説明される。太陽から地球までの距離Lは約1.5億kmであり，地球の位置（大気圏外）でのエネルギー密度は，次式より約1.3 kW/m²と求められる。

$$P_{\text{AM0}} = \frac{4 \times 10^{26}}{4 \pi L^2} \cong 1.3 \ [\text{kW/m}^2]$$

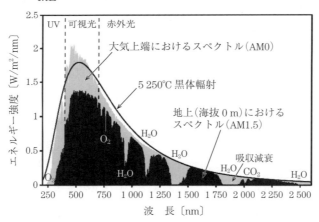

図5.1 太陽光のスペクトル[1]

地球に1年間に届く太陽光のエネルギーを，地球の半径が6400 kmであるため，半径6400 kmの円の領域に届くエネルギーとして計算すると，1年間で約5×10^{24} Jとなる。この値は，人類が1年間に使うエネルギーの約1万倍ときわめて膨大である。よって，この膨大なエネルギーの一部を利用して，温室効果の原因物質を排出する化石燃料の使用を抑えようというのは，道理に合っている。

地表での太陽光スペクトルは，太陽光が大気を通過する距離により変わるため，air mass（空気質量；AM）を用いて，その影響を表す。大気圏外では太陽光は大気を通過しないので，太陽光スペクトルを AM0 と呼ぶ。AM1 とは，大気の層に垂直に最短距離で入射したときの地表でのスペクトルであり，AM1.5 とは，その 1.5 倍の大気層を通過したときの地表でのスペクトルである。図 5.1 に，AM0 と AM1.5 のスペクトルを示す。大気中の分子などにより光が吸収および散乱されるため，AM1.5 スペクトルは，AM0 と比べて歯状にスペクトルの抜けた領域が多く，エネルギー密度も約 $1\,kW/m^2$ まで低下する。

地表で $1\,kW/m^2$ のエネルギー密度を大きいと感じるだろうか。一般家庭のブレーカの電気容量は 4〜6 kW である。もし，太陽光のエネルギーを 100 ％電気エネルギーに変換できれば，一辺 2〜2.4 m 四方の領域に届く太陽光のエネルギーで 1 世帯のエネルギーがフルに賄えることになる。このように考えると，$1\,kW/m^2$ のエネルギー密度は，かなり大きいと捉えることもできる。

5.3　光生成キャリヤの輸送メカニズム

光信号を電気信号に変える半導体デバイスは，いずれも，（1）入射光のエネルギーを吸収して，電子・ホール対を形成し，（2）キャリヤを輸送し，（3）外部回路へ取り出す，このような複数の機構が必要である。光エネルギーの吸収により半導体中に電子・ホール対が生成すると，有機半導体など誘電率が小さい物質では，電子・ホール間に働くクーロン力が大きく，エキシトン（励起子）を形成する。しかし，結晶 Si では誘電率が大きいため（長波長の比誘電率 $\varepsilon_r = 11.9$），クーロン力は弱く，短時間のうちに電子とホールに解離する。このようにして形成された電子とホールを空間で分離し，電荷の偏りを生み出すにはさまざまな方法があるが，最も一般的な方法が pn 接合を用いることである。**図 5.2** に，動作の概略図を示す。

負荷抵抗を含む太陽電池の等価回路を，**図 5.3** に示す。ここで，R_S は直列抵抗，R_{SH} は並列抵抗である。図 5.3 より

110   5. 太陽電池

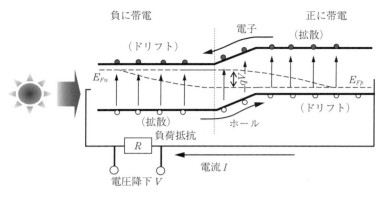

図 5.2 pn 接合に光が入射したときの光生成キャリヤの流れの概念図（暗電流のキャリヤの流れを示していないことに注意。）

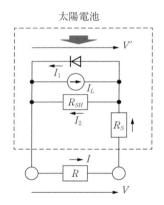

図 5.3 光照射時の太陽電池の等価回路

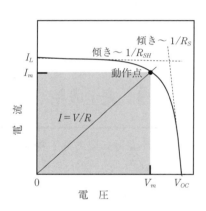

図 5.4 太陽電池の電流電圧特性（光電流の方向を電流の正方向とした。）

$$I_1 - I_L + \frac{V'}{R_{SH}} - I = 0, \quad I_1 = I_0\left[\exp\left(\frac{qV'}{k_BT}\right) - 1\right], \quad V' = V - R_SI$$

より

$$I_0\left\{\exp\left[\frac{q(V-R_SI)}{k_BT}\right] - 1\right\} - I_L + \frac{V-R_SI}{R_{SH}} - I = 0 \tag{5.2}$$

$$I = \frac{V}{R} \tag{5.3}$$

図 5.4 に，式 (5.2)，(5.3) のグラフを示す。交点が動作点であり，負荷抵抗での電圧降下（V_m）と負荷抵抗を流れる電流（I_m）を与える。太陽電池に光を照射した場合，太陽電池は順方向にバイアスされる。このとき，光電流は暗電流と逆方向に流れる。太陽電池として動作している場合，光電流のほうが暗電流よりも桁違いに大きい。このため，太陽電池は順方向にバイアスされた状態で，電流は逆方向に流れる。図 5.4 の灰色の面積が，太陽電池の出力電力であり，これが最大になるように負荷抵抗 R を定める。また，電流が 0 となる電圧 V_{OC} を開放電圧，また，$V = 0\,\mathrm{V}$ での電流を短絡電流 $I_{SC}(=I_L)$ と呼ぶ。図 5.4 からわかるように，出力電力 P_out を大きくするには，R_S は小さく，また，R_{SH} は大きいほうがよいといえる。理想的な大きさは，それぞれ 0 および無限大であり，このとき，電流電圧特性は角形に近づく。V_{OC} の典型的な値は，結晶 Si では 0.6 V，GaAs では 1.0 V である。V_{OC} は次式で表せる。

$$V_{OC} = \frac{k_B T}{q} \ln\left(1 + \frac{J_{sc}}{J_0}\right) \tag{5.4}$$

J_0 は，式 (3.27) で登場した pn 接合ダイオードの逆方向飽和電流密度であり，J_{sc} は短絡電流密度である。

電流電圧特性がどれだけ角形に近いかを示す指標として，fill factor（FF）を次式で定義する。

$$FF = \frac{V_m I_m}{V_{OC} I_L} \tag{5.5}$$

FF を使うと，太陽電池の出力は，つぎのように表せる。

$$\begin{aligned} P_\text{out} &= V_m I_m = V_{OC} I_L \times \frac{V_m I_m}{V_{OC} I_L} \\ &= V_{OC} I_L \times FF \end{aligned} \tag{5.6}$$

つぎに，光生成キャリヤの輸送機構を考える。禁制帯幅よりもエネルギーが大きい光が届く領域で，電子・ホール対が形成する。例えば，p 型中性領域で生じた電子を n 型領域に輸送する機構はなんであろうか。式 (2.74) より，電子電流密度は，つぎのように表せる。

$$J_e = q\mu_e n_p \mathfrak{F} + qD_e \frac{dn_p}{dx} \tag{5.7}$$

右辺第1項は，第2項に比べて非常に小さいといえる。右辺第1項には少数キャリヤ密度 n_p と中性領域での電場 $\mathfrak{F}$ の積が含まれているが，これら両者が小さいためである。p型中性領域の空乏層端は，電場による電子の吸い込み口になっており，この付近の電子密度が小さくなっている。このため，p型領域で生成した電子は，電子密度の勾配による拡散により，n型に向けて輸送されると考えることができる。つぎに，n型層まで輸送された電子を左端の電極まで輸送する機構はなんであろうか。電子電流密度は，つぎのように表せる。

$$J_e = q\mu_e n_n(x)\mathfrak{F} + qD_e \frac{dn_n}{dx} \tag{5.8}$$

式 (5.7) と異なり，右辺第1項は第2項よりも大きいといえる。右辺第1項には多数キャリヤ密度 n_n が含まれているためであり，式 (5.7) の右辺第1項と比較して格段に大きくなる。このように，p型領域で発生し，n型領域に到達した電子は，電場によるドリフトで輸送されるといえる。

5.4 光 電 流 密 度

図 5.5 に，AM1.5 スペクトルを，縦軸を光束密度で表した。半導体が十分に厚く，光電流密度が禁制帯幅のみで決まる理想的な場合には，光電流密度 J_L は，次式で表せる。

$$J_L = q\int_{E_g}^{\infty} \frac{dn_{\text{photon}}}{dE}\, dE \tag{5.9}$$

よって，J_L の E_g 依存性は，**図 5.6** の実線で表せる。禁制帯幅 E_g の半導体からなる pn 接合ダイオードに光照射して得られる開放電圧は E_g/q よりも小さくなり，実線から破線にシフトする。よって，この半導体を用いて得られる最大の電力は，灰色で示される面積になる。図 5.6 より，E_g が小さいときは J_L が大きくなり，一方，E_g が大きいときは J_L が小さく，開放電圧が大きくな

5.4 光電流密度

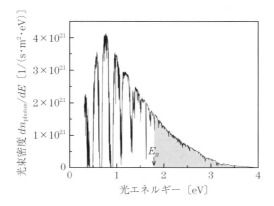

図 5.5 AM1.5 スペクトルの縦軸を光束密度で表したグラフ（灰色の面積が単位時間当り単位面積当りに吸収する光子数を表す。）

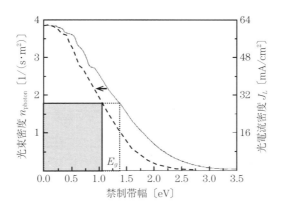

図 5.6 禁制帯幅と光電流密度の関係（禁制帯幅 E_g の半導体で得られる電圧は E_g/q よりも点線のとおり，小さくなる。灰色の面積が太陽電池の出力電力〔W/cm^2〕に相当する。）

る。このように考えると，出力電力が最大となる適切な E_g が存在することが直観的にわかる。pn 接合が一つのみの単接合太陽電池では，E_g が 1.3〜1.6 eV のとき，エネルギー変換効率が高くなることがわかっている。

5.5 光照射下のキャリヤ密度分布と電流電圧特性

ここでは，図 5.7 に示すホモ接合ダイオードに，波長拡がりがきわめて小さい単色光が入射したときに回路に流れる電流と電圧の関係を導出する。簡単のため，いくつか仮定を導入する。試料の表面および裏面では，結晶が断絶しているため，現実には未結合手が存在し，禁制帯中に欠陥が生じる。このため，2.5.2 項で取り上げた SRH 再結合が発生する。しかし，ここでは表面および裏面でのキャリヤの再結合は無視できるほど小さいとする。また，p 型中性領域は少数キャリヤ（電子）の拡散長に比べて十分に長く，反対に，n 型中性領域は p 型中性領域に比べて十分薄く，この領域で生成した光生成キャリヤは無視できるほど小さいとする。ここでは，$x = l_p$ における電流密度を求める。

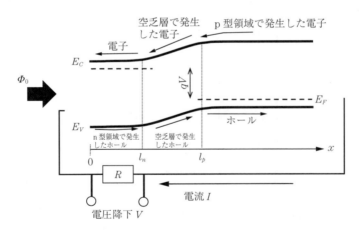

図 5.7 単色光が照射されたホモ接合ダイオードを流れる光生成キャリヤの模式図

5.5.1 p 型中性領域について

p 型中性領域で発生する電子密度 $n_p(x)$ は，つぎの微分方程式を解いて求められる。

5.5 光照射下のキャリヤ密度分布と電流電圧特性 *115*

$$D_e \frac{d^2 n_p}{dx^2} + (1-R)\Phi_0 \alpha \exp(-\alpha x) - \frac{n_p - n_{p0}}{\tau_e} = 0 \tag{5.10}$$

$$\frac{d^2 n_p}{dx^2} + \frac{(1-R)\Phi_0 \alpha}{D_e} \exp(-\alpha x) - \frac{n_p - n_{p0}}{L_e{}^2} = 0 \tag{5.11}$$

電子密度は x に依存するため，現実には L_e は x の関数であり，式 (5.11) は数値計算以外に解くことができない。ここでは，L_e は場所によらず一定と仮定し，解析的な手法により，つぎの二つの境界条件を用いて解く。

境界条件その 1：x が十分に大きいとき，$n_p(x) \to n_{p0}$

境界条件その 2：$x = l_p$ のとき，$n_p(l_p) = n_{p0} \exp\left(\dfrac{qV}{k_B T}\right)$

これより，$n_p(x)$ は，つぎのように求めることができる。

$$n_p(x) = n_{p0} + n_{p0}\left[\exp\left(\frac{qV}{k_B T}\right) - 1\right]\exp\left(\frac{l_p - x}{L_e}\right)$$

$$+ \frac{(1-R)\alpha\Phi_0}{D_e} \frac{1}{\alpha^2 - \dfrac{1}{L_e{}^2}}\left[\exp(-\alpha l_p)\exp\left(\frac{l_p - x}{L_e}\right) - \exp(-\alpha x)\right]$$

$$\tag{5.12}$$

これより

$$J_e(x = l_p) = -q \frac{D_e}{L_e} n_{p0}\left[\exp\left(\frac{qV}{k_B T}\right) - 1\right]$$

$$+ q(1-R)\Phi_0 \exp(-\alpha l_p) \frac{\alpha L_e}{\alpha L_e + 1} \tag{5.13}$$

右辺第 1 項は暗電流であり，第 2 項が光電流である。これより，光電流は x 軸正方向に流れ，暗電流は x 軸負方向に流れるといえる。ここで光電流に注目すると，暗電流とは反対方向に流れることがわかる。$(1-R)\Phi_0 \exp(-\alpha l_p)$ は，$x = l_p$ に入射する単位時間当り単位面積当りの光子数を表し，ここに素電荷 q を掛けて電流密度となる。光照射によって生じた電子のうち，$\alpha L_e / (\alpha L_e + 1)(< 1)$ の割合で，キャリヤとして外部回路に取り出せるといえる。このため，$\alpha L_e \gg 1$ の場合に，効率よく光電流として取り出せるといえ

る。先に述べたように、光吸収係数 α は材料固有の値であり、一方、少数キャリヤ拡散長 L_e は、作製した物質が高品位であるか否かを反映する。このため、L_e が大きい材料ほど光電流の取り出しに有利といえる。

ここで、$n_p(x)$ の分布を計算してみる。Si において $E = 1.5\,\text{eV}$、$\alpha = 10^3\,\text{cm}^{-1}$、$R = 0.3$、$\Phi_0 = 10^{17}\,\text{cm}^{-2}\cdot\text{s}^{-1}$、$\tau_e = 0.1\,\text{ms}$、$l_p = 0.5\,\mu\text{m}$、$V = 0.3\,\text{V}$、$p_{p0} = 10^{16}\,\text{cm}^{-3}$、$n_{p0} = 10^4\,\text{cm}^{-3}$ とし、$L_e = 2$、20、$40\,\mu\text{m}$ の三つの場合について、$n_p(x)$ を図示する。図 5.8 に示すように、L_e の拡大とともに、電子密度が頂点を迎える x 座標が大きくなることがわかる。頂点よりも空乏層側では、電子は n 型領域に拡散する。一方、頂点よりも右側では p 型領域に拡散する。L_e の増加とともに、より広い範囲で生成した電子が n 型層へ向けて拡散する様子がわかる。

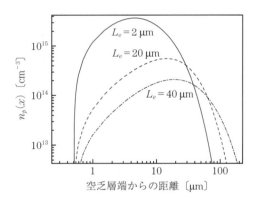

図 5.8　p 型中性領域の電子密度分布

5.5.2　空乏領域について

つぎに、空乏層で発生する光電流を求める。空乏層では、キャリヤの再結合が起きにくいことは、つぎのようにして見積もることができる。空乏層の厚さを $0.1\,\mu\text{m}$、内蔵電位を $0.1\,\text{V}$ とする。電子の移動度を $100\,\text{cm}^2/(\text{V}\cdot\text{s})$ とすると、空乏層を横切るのに要する時間 t_tra は、つぎのように見積もられる。

$$t_{\mathrm{tra}} = \frac{W}{\mu_e \times \dfrac{V_{bi}}{W}} = \frac{0.1 \times 10^{-4}~(\mathrm{cm})}{100~(\mathrm{cm^2/(V \cdot s)}) \times \dfrac{0.1~(\mathrm{V})}{0.1 \times 10^{-4}~(\mathrm{cm})}} = 10~(\mathrm{ps})$$

この値は，キャリヤ寿命時間に比べて桁違いに短い。よって，空乏層内では，キャリヤの再結合は生じないと考えることができる。

電子電流密度について

$$\frac{1}{q}\frac{dJ_e}{dx} + G(x) = \frac{1}{q}\frac{dJ_e}{dx} + (1-R)\alpha\Phi_0 \exp(-\alpha x) = 0$$

これを，境界条件 $J_e(x = l_p) = 0$ で解いて

$$J_e(x) = q(1-R)\Phi_0[\exp(-\alpha x) - \exp(-\alpha l_p)] \tag{5.14}$$

ホール電流密度について

$$-\frac{1}{q}\frac{dJ_h}{dx} + G(x) = -\frac{1}{q}\frac{dJ_h}{dx} + (1-R)\alpha\Phi_0 \exp(-\alpha x) = 0$$

これを，境界条件 $J_h(x = l_n) = 0$ で解いて

$$J_h(x) = q(1-R)\Phi_0[\exp(-\alpha l_n) - \exp(-\alpha x)] \tag{5.15}$$

式 (5.13) と式 (5.14) より，

$$J_e(x) + J_h(x) = q(1-R)\Phi_0[\exp(-\alpha l_n) - \exp(-\alpha l_p)] \tag{5.16}$$

となり，場所によらない一定の値となる。

5.5.3　n 型中性領域について

n 型中性領域は薄いとして，ここで発生する光電流は無視できるほど小さいとする。

$$\frac{d^2 p_n}{dx^2} - \frac{p_n - p_{n0}}{L_h^2} = 0 \tag{5.17}$$

式 (5.17) を，つぎの二つの境界条件で解く。

境界条件その 1：$x = 0$ のとき，$p_n(0) \to p_{n0}$

境界条件その 2：$x = l_n$ のとき，$p_n(l_n) = p_{n0} \exp\left(\dfrac{qV}{k_B T}\right)$

これより，$p_n(x)$ は，つぎのように求めることができる。

$$p_n(x) = p_{n0}\Big[\exp\Big(\frac{qV}{k_BT}\Big) - 1\Big] \times \frac{\sinh\Big(\frac{x}{L_h}\Big)}{\sinh\Big(\frac{l_n}{L_h}\Big)} + p_{n0} \tag{5.18}$$

よって，$x = l_n$ を流れるホール電流密度は，次式で与えられる。

$$J_h(x = l_n) = - q \frac{D_h}{L_h} p_{n0}\Big[\exp\Big(\frac{qV}{k_BT}\Big) - 1\Big] \times \frac{1}{\tanh\Big(\frac{l_n}{L_h}\Big)} \tag{5.19}$$

ホール電流（暗電流）は，x 軸負の方向に流れる。

式 (5.13)，(5.16)，(5.19) より，求める電流密度 J と電圧 V の関係は，次式で表される。

$$J = - q\Big[\frac{D_e}{L_e} n_{p0} + \frac{D_h}{L_h} p_{n0} \frac{1}{\tanh\Big(\frac{l_n}{L_h}\Big)}\Big]\Big[\exp\Big(\frac{qV}{k_BT}\Big) - 1\Big]$$

$$+ q(1 - R)\Phi_0\Big[\exp(- \alpha l_p) \frac{\alpha L_e}{\alpha L_e + 1} + \exp(- \alpha l_n) - \exp(- \alpha l_p)\Big]$$

$$= - q\Big[\frac{D_e}{L_e} n_{p0} + \frac{D_h}{L_h} p_{n0} \frac{1}{\tanh\Big(\frac{l_n}{L_h}\Big)}\Big]\Big[\exp\Big(\frac{qV}{k_BT}\Big) - 1\Big]$$

$$+ q(1 - R)\Phi_0\Big[\exp(- \alpha l_n) - \frac{1}{\alpha L_e + 1} \exp(- \alpha l_p)\Big] \tag{5.20}$$

太陽光を照射したときの光電流密度は，式 (5.20) の光電流密度をエネルギーで積分することで計算できる。

5.6 表 面 再 結 合

結晶の表面では，原子のつながりが不連続となり，多くの未結合手のため多数の局在準位または生成–再結合中心が存在する。これらのエネルギー準位によって，光生成で生じた少数キャリヤの表面での再結合割合が大幅に増加する。このように表面再結合は，太陽電池動作に重要な影響を与えるため，再結合過程を理解することは重要である。

表面再結合によるキャリヤ密度の変化は，結晶中の再結合中心の場合と類似していて，表面において，単位面積当り単位時間当りに再結合するキャリヤ数は，式 (2.56) より

$$R_{\text{SRH}} = \frac{\sigma_e \sigma_h v_{\text{th}} N_{st}(n_s p_s - n_i^2)}{\sigma_e\left[n_s + N_C \exp\left(-\dfrac{E_C - E_t}{k_B T}\right)\right] + \sigma_h\left[p_s + N_V \exp\left(-\dfrac{E_t - E_V}{k_B T}\right)\right]} \tag{5.21}$$

と表せる。ここで，n_s および p_s は，表面における電子およびホール密度であり，N_{st} は表面の単位面積当りの再結合中心濃度である。低水準の注入であり，n_s がバルクの多数キャリヤ数と大差ないとき，すなわち，$n_s \gg p_s$ で，$n_s \gg n_i \exp[E_t - E_i/(k_B T)]$ のとき，式 (5.20) は

$$R_{\text{SRH}} = \sigma_h v_{\text{th}} N_{st}(p_s - p_{n0}) \tag{5.22}$$

と表せる。積 $\sigma_h v_{\text{th}} N_{st}$ は速さの次元〔cm/s〕を持っているため，表面再結合速度 S_{surf} と呼ばれる。

$$S_{\text{surf}} = \sigma_h v_{\text{th}} N_{st} \tag{5.23}$$

つぎに，表面再結合速度が半導体のキャリヤ分布にどのような影響を与えるか，具体的な例を見てみよう。**図 5.9** に示すように，一様に光照射した n 型半導体の一端だけで表面再結合が生じる場合を考える。バルクから再結合が生じる表面側に流れるホール電流密度は qR_{SRH} となる。ただし，R_{SRH} は式 (5.22)

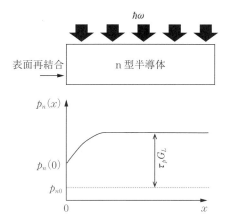

図 5.9 表面 ($x = 0$) 再結合（表面近傍における少数キャリヤ分布は表面再結合速度に影響を受ける。）

で与えられる。表面再結合によって表面のキャリヤ密度が低下し，密度に勾配ができる。このホールの密度勾配による拡散電流は，表面再結合電流に等しい。

したがって，$x = 0$における境界条件は

$$qD_p \frac{dp_n}{dx}\bigg|_{x=0} = qR_{SRH} = qS_{surf}[p_n(0) - p_{n0}] \tag{5.24}$$

となり，xが十分大きいところでの境界条件は，$p_n(x) \to p_{n0} + \tau_p G_L$で与えられる。$G_L$は単位時間当り単位体積当りのキャリヤ生成数である。定常状態における電流連続の式は

$$D_p \frac{\partial^2}{\partial x^2} p_n + G_L - \frac{p_n - p_{n0}}{\tau_p} = 0 \tag{5.25}$$

これを上記二つの境界条件の下で解くと

$$p_n(x) = p_{n0} + \tau_p G_L\left[1 - \frac{\tau_p S_{surf} e^{-x/L_p}}{L_p + \tau_p S_{surf}}\right] \tag{5.26}$$

有限のS_{surf}について描いたのが，図5.9である。S_{surf}が0のときには

$$p_n(x) = p_{n0} + \tau_p G_L$$

となり，S_{surf}が無限に大きいときには

$$p_n(x) = p_{n0} + \tau_p G_L(1 - e^{-x/L_p})$$

となる。

5.7　先端技術の導入による
エネルギー変換効率向上の歴史

5.7.1　タンデム型太陽電池

単接合太陽電池のエネルギー変換効率よりも，格段にエネルギー変換効率を上げる方法が，禁制帯幅の異なるpn接合太陽電池を複数積層したタンデム型構造にすることである。ここでは，まず，単接合太陽電池でエネルギー変換効率（単結晶Siでは約28％が限界）が26％程度にとどまっている理由を考える。エネルギー$\hbar\omega$の光入射により，**図5.10**で示す光エネルギーの吸収が生

じるとき，そのうちのエネルギー $\hbar\omega - E_g$ は，使われずに熱となる。この無駄なエネルギーをできるだけ減らすには，光エネルギーよりも少し小さな E_g を持つ半導体で光エネルギーを吸収する必要がある。太陽光は幅広いエネルギーを含むスペクトルであるため，エネルギーの高い光の吸収には E_g の大きな半導体を，小さい

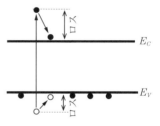

図 5.10　半導体での光エネルギー吸収の概念図

エネルギーの光の吸収には E_g の小さな半導体を用いる必要があることがわかるであろう（**図 5.11**）。

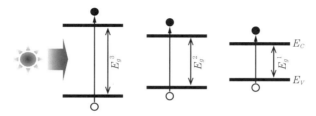

図 5.11　E_g が異なる半導体を複数用いることで，光エネルギーを電気エネルギーに変換する際の無駄が小さくなくなることを示す概念図

このような考えに基づき形成されたのがタンデム型太陽電池である。**図 5.12** に，3 接合タンデム型太陽電池の構造とエネルギーバンド構造を示す。禁制帯幅の大きな材料を表面側に配置した積層構造となっている。また，各 pn 接合の接合部分には，電子およびホールが蓄積しないよう，トンネル接合が挿入され，キャリヤの再結合を促すようになっている。タンデム型太陽電池の出力電圧は，各セルの起電力の合計である。一方，電流は，各セルが直接接続になっているため，どのセルにも同じ大きさの電流が流れる。このため，セルの膜厚は，**図 5.13** で示す面積が同じになるように設計する。このように，タンデム型太陽電池では，単接合太陽電池と比べて出力電圧が大きくなることで，エネルギー変換効率の高効率化に寄与するといえる。ただし，太陽光のスペクトルは，太陽光が空気中を通過する光路長で変わるため，1 日の時刻によって

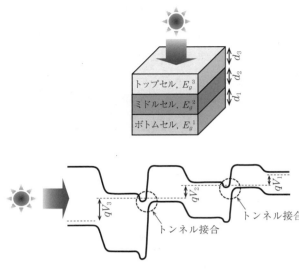

図 5.12 3接合タンデム型太陽電池の構造およびエネルギーバンド構造の模式図

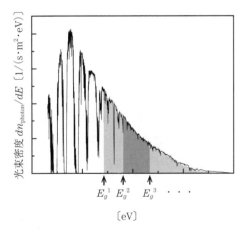

図 5.13 トップセル，ミドルセルおよびボトムセルで吸収する光を示す概念図

も変化し，接合数の増加に見合った出力電力を得ることは容易ではない．

5.7.2 表面再結合の抑制

結晶は，原子が三次元に周期的に配列した規則構造を持つが，表面および裏面は，連続性が途切れる場所であり，多くの場合，禁制帯中に欠陥が導入される．このため，結晶の内部よりも，2.5.2項で示したSRH再結合が発生しやすく，表面をいかに不活性化するかが重要である．ここでは，結晶Si太陽電池を例に取り，不活性化の例を紹介する．

結晶Siでは，各Si原子は隣接する四つのSi原子と共有結合をしている．しかし，結晶の表面では結合する相手がいないため，**図5.14**に示すように，未結合手が必ず生じる．このような未結合手は，禁制帯内に局在準位を生み出し，2.5.2項で説明したSRH再結合を促進する．この場合，結晶Si表面を非晶質SiO_2で覆うことで，再表面のSi原子はO原子と結合し，未結合手の密度が格段に小さくなることが知られている．MOS (metal-oxide-semiconductor) トランジスタでは，このSiO_2/Si界面が良好であることが信頼性の高いデバイスの根幹となっていることからも，SiO_2が未結合手の不活性化を促進

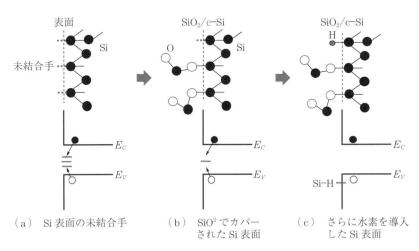

図5.14 未処理のSi表面，SiO_2でカバーされたSi表面，さらに，水素を導入したSi表面の原子構造と禁制帯内の局在準位の概念図

することがわかる。水素を含む気体中で試料を加熱することで、SiO$_2$/Si 界面に残った未結合手はさらに減少する。

5.8 結晶 Si 太陽電池エネルギー変換効率向上の歴史

図 5.15 に、結晶 Si 太陽電池のエネルギー変換効率向上の歴史を示す。2017 年 9 月現在、変換効率の最大値は 26.6 % であるが[2]、図に示すとおり、変換効率は一様に向上してきたわけではなく、ある時期に、ステップ状に向上してきたことがわかる。本節では、図 5.15 の (1) から (4) の各時期に、どのような新しいアイディアが太陽電池に適応されてきたのか、図 5.15 を見ながらその歴史をたどる。

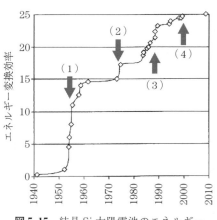

図 5.15 結晶 Si 太陽電池のエネルギー変換効率向上の歴史[3]

(1) 標準的な太陽電池 光吸収層を p-Si 層とするホモ接合太陽電池である。光が p-Si 層に入射するように表面に反射防止膜、くし形電極を、裏面に Al でオーミック接触を形成した太陽電池である〔図 5.16 (a)〕。光吸収層が p 型であるのは、少数キャリヤが電子であり、ホールに比べて電子のほうが少数キャリヤ拡散長が長いため、式 (5.13) で示したとおり、光電流の取り出しに有利だと考えたからである。

(2) BSF (back surface field) 層を有する太陽電池 表面側は、標準的な太陽電池 (1) と同じであるが、裏面の電極直下が強く p 型にドープされた p$^+$-Si になっている点に特徴がある〔図 5.16 (b)〕。前に述べたとおり、半導体表面は、結晶が途切れた場所であり、欠陥が多い。このため、光生成で生

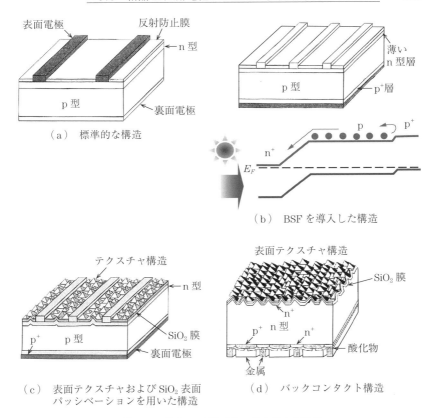

図5.16 結晶Si太陽電池の代表的な構造[2]

じた少数キャリヤ（電子）が，p-Si/電極の界面に到達しないようにする必要がある。電極近傍をp-Si/p$^+$-Si/電極とすることで，光生成によって生じる電子に対するポテンシャル障壁を導入し，電極へ到達しないようにする。この手法により，変換効率は15％を超えた。

（3） 表面テクスチャ構造およびSiO$_2$表面パッシベーション　（2）のBSF構造に加え，エッチングにより，太陽電池表面をピラミッド状に加工し，表面での光の反射率を低下して，より多くの光子が光吸収層に入るようにした構造である〔図5.16(c)〕。また，5.7.2項で説明したように，半導体表面は結晶が途切れた場所であり，欠陥が多い。テクスチャ構造の表面をSiO$_2$でカ

126　　5. 太　陽　電　池

バーすることで，表面の未結合手の密度を減らすことに成功した。この手法により，変換効率は 20 % を超えた。

（**4**）　**バックコンタクト構造**　　図 5.16（ a ）～（ c ）の太陽電池では，表面に電極が配置されていた。電極は金属であるため反射率が高く，電極の下部領域には光が入射しない。この問題を解決するために，表面から電極を取り去り，裏面に p 型および n 型の両方の電極を配置した構造である〔図 5.16（ d ）〕。図 5.16（ b ）および（ c ）の BSF 構造，SiO_2 による表面パッシベーション，テクスチャ構造も採用した上でのバックコンタクト型の採用により，変換効率は 25 % を超えた。

　上記で述べた（2），（3）は，結晶 Si 以外の材料で構成される太陽電池についても，変換効率向上の指針となる重要な構造である。これらの構造の特徴をよく理解する必要がある。

章　末　問　題

（1）　太陽が水平面に対して 30 度の角度で入射するとき，対応する air mass を求めよ。

（2）　地表において，太陽光の中で最大の光束密度は波長 700 nm 付近である。この波長の光が Si および GaAs に入射するとき，つぎの問いに答えよ。
　　（a）　それぞれの材料で光吸収係数を求めよ。
　　（b）　それぞれの材料で，この波長の光を 95 % 程度吸収するのに必要な厚さを求めよ。

（3）　波長 700 nm の単色光が強度 30 mW/cm^2 で照射されている。入射光に含まれる単位時間当り単位面積当りの光子数を求めよ。

（4）　半導体の禁制帯幅程度の光エネルギーの領域において，光のエネルギーが大きくなるに従い光吸収係数が大きくなる理由を述べよ。

（5）　キャリヤの発光再結合寿命が 20 μs である半導体がある。この半導体のオージェ再結合寿命が 10 μs，また，捕獲プロセスによる寿命が 30 μs のとき，少数キャリヤ寿命を求めよ。

（6）　逆方向飽和電流密度が 10^{-7} mA/cm^2 の太陽電池がある。この太陽電池に波長 700 nm の光が強度 100 mW/cm^2 で照射されている。このときの開放電圧

を求めよ。

（7）　ホモ接合太陽電池の開放電圧が，禁制帯幅に相当する電圧を超えられない理由を説明せよ。また，式 (5.4) を使って説明せよ。

（8）　結晶 Si 太陽電池の厚さを，波長 1 000 nm の光を最大限受光できるように決めたい。この波長の光吸収係数は 10^2 cm^{-1}，少数キャリヤの拡散係数が $D = 27$ cm^2/s，少数キャリヤ寿命が 15 µs とする。このとき，結晶 Si の厚さとして 100，180，300 µm のどれが最も適切か，理由を含めて説明せよ。

（9）　以下の場合に，太陽電池のエネルギー変換効率を計算せよ。短絡電流密度 40 mA/cm^2，開放電圧 0.65 V，FF 0.8 とする。

（10）　面積 2 cm^2 の結晶 Si 太陽電池が以下の条件で動作しているとき，つぎの問いに答えよ。$N_A = 10^{16}$ cm^{-3}，$N_D = 5 \times 10^{19}$ cm^{-3}，$\tau_e = 10$ µs，$\tau_h = 0.5$ µs，$D_e = 9$ cm^2/s，$D_h = 3$ cm^2/s，光電流 95 mA とする。

　　　（a）　電流電圧特性を描け。

　　　（b）　太陽電池の最大の出力電力を求めよ。

（11）　光照射下の太陽電池を流れる電流と電圧の関係をグラフに描け。太陽電池の直列抵抗が大きくなるとき，また，並列抵抗が小さくなるとき，電流電圧特性のどの部分に変化が生じるか，違いがわかるように描け。

6. 化合物半導体

6.1 はじめに

7, 8章で学ぶ発光素子は, 13族および15族元素で構成される直接遷移型半導体の積層構造が使われている。結晶 Si とは異なり, 複数の元素で構成される化合物半導体には, 禁制帯幅や格子定数をある程度自由に変えられるとの特徴がある。

本章では, 化合物半導体の基本的な性質について学ぶ。

6.2 種類について

表 6.1 に元素の周期表の一部を示す。このうち, 1章で見てきたように, 14族元素の Si, Ge, C はダイヤモンド構造になることで単独の元素のみで半導体になるため, 元素半導体と呼ばれる。それ以外にも, SiGe, GeSn は, 組成

表 6.1 元素周期表

12族	13族	14族	15族	16族	17族
	B	C	N	O	F
	Al	Si	P	S	Cl
Zn	Ga	Ge	As	Se	Br
Cd	In	Sn	Sb	Te	I
Hg					

比を変調することで禁制帯幅や格子定数，さらに，移動度などの物性を制御することができる半導体である。SiC は，ダイヤモンド構造以外の種々の結晶構造を取るワイドギャップ半導体である。ここでは，GaAs と同様に，13 族元素と 15 族元素を組み合わせた化合物半導体を中心に解説する。

GaN，GaP，GaSb も半導体である。同様に，AlN，AlP，AlAs，AlSb も半導体である。つぎのように分類することができる。

（1）　二元 III-V 族化合物半導体：1 種類の 13 族元素と 1 種類の 15 族元素

　　　GaAs，InP，AlP，AlAs など

（2）　三元 III-V 族化合物半導体

（i）　2 種類の 13 族元素と 1 種類の 15 族元素

　　　$Ga_{1-x}Al_xAs$ など

（ii）　1 種類の 13 族元素と 2 種類の 15 族元素

　　　$GaAs_yP_{1-y}$ など

（3）　四元 III-V 族化合物半導体

（i）　2 種類の 13 族元素と 2 種類の 15 族元素

　　　$In_xGa_{1-x}As_yP_{1-y}$ など

（ii）　3 種類の 13 族元素と 1 種類の 15 族元素

　　　$(In_xGa_{1-x})_{1-y}Al_yAs$ など

（iii）　1 種類の 13 族元素と 3 種類の 15 族元素

　　　$In(As_xP_{1-x})_{1-y}Sb_y$ など

同様の考え方が，12 族元素と 16 族元素から構成される II-VI 族化合物半導体（ZnSe など）でも成り立つ。このように考えると，化合物半導体の数は大変多いことがわかる。

6.3　化合物半導体の禁制帯幅と格子定数

化合物半導体で発光素子を作製する際，下地の半導体の上に格子定数が異なる半導体を堆積すると，ミスフィット転位などにより非発光再結合中心となる

欠陥がヘテロ界面に生じる。したがって，格子定数は重要なパラメータである。図6.1に，三元Ⅲ-Ⅴ族化合物半導体の格子定数と禁制帯幅の関係を示す。例外はあるものの，格子定数が大きくなると，禁制帯幅が小さくなる傾向にあることがわかる。つまり，化合物半導体では，組成比を変えることで禁制帯幅と格子定数が変化する。この性質を活用して禁制帯幅を制御することをバンドギャップ・エンジニアリングと呼ぶ。また，格子定数が大きくなると，屈折率が大きくなる傾向もある。これが，8章で述べるダブルヘテロ接合によるレーザ発振に重要な役割を果たす。

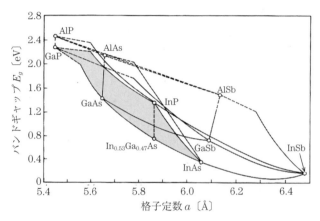

図6.1 三元Ⅲ-Ⅴ族化合物半導体の格子定数と禁制帯幅の関係[1]

$Ga_xIn_{1-x}As$ を取り上げて，格子定数と禁制帯幅の関係を調べる。$Ga_xIn_{1-x}As$ を $(GaAs)_x(InAs)_{1-x}$ と書き直すと，GaAs と InAs が $x:1-x$ の割合で混ざり合った混晶半導体と考えることもできる。GaAs と InAs の禁制帯幅と格子定数を，表6.2に示す。

表6.2 GaAs, InAs の禁制帯幅および格子定数

	禁制帯幅〔eV〕	格子定数〔nm〕
GaAs	1.42	0.565
InAs	0.36	0.606

6.3 化合物半導体の禁制帯幅と格子定数 **131**

$Ga_xIn_{1-x}As$ の格子定数は，GaAs および InAs の格子定数の線形結合により，組成比に応じて，つぎのように表せる。これをベガード則（Vegard's law）と呼ぶ[2]。

$$a(In_xGa_{1-x}As) = 0.565(1 - x) + 0.606x \; [nm] \tag{6.1}$$

一方，禁制帯幅についても，つぎのようにベガード則が成り立つ。

$$E_g(In_xGa_{1-x}As) = 1.42(1 - x) + 0.36x \; [eV] \tag{6.2}$$

InGaAs 膜を InP 基板の上に格子定数を合わせて堆積する場合，$x = 0.53$ にする必要がある。この場合，組成比は $In_{0.53}Ga_{0.47}As$ と定まるが，禁制帯幅は 0.73 eV と決まり，ほかに選ぶ余地はない。三元Ⅲ-Ⅴ族化合物半導体のもう一つの例として，$Ga_{1-x}Al_xAs$ を取り上げる。GaAs と AlAs の禁制帯幅と格子定数を，**表6.3** に示す。

表6.3 GaAs, AlAs の禁制帯幅および格子定数

	禁制帯幅〔eV〕	格子定数〔nm〕
GaAs	1.42	0.565
AlAs	2.16	0.566

GaAs と AlAs は格子定数がほぼ等しいため，GaAs 基板の上に $Ga_{1-x}Al_xAs$ 膜を格子整合させた状態に保持したまま禁制帯幅を変えることができる。ただし，GaAs が直接遷移型半導体であるのに対し，AlAs は間接遷移型半導体であり，$x = 0.45$ がその境界となる。この様子を，**図6.2** に示す。直接遷移型半導体の組成比（$0 \leq x \leq 0.45$）の範囲で，禁制帯幅について，つぎのベガード則が成り立つ。

$$E_g(Ga_{1-x}Al_xAs) = 1.42 + 1.25x \; [eV] \tag{6.3}$$

$Ga_{1-x}Al_xAs$ は，格子定数を変えずに禁制帯幅を制御できる例外的な存在であった。**表6.4** に，おもなⅢ-Ⅴ族化合物半導体の禁制帯幅を示す[3]。

ただし，化合物半導体 AB と CD の混晶である $(AB)_x(CD)_{1-x}$ の禁制帯幅は，組成比 x の線形項だけではなく，次式で示すように非線形項 c が入ってくる[4]。この c をボーイングパラメータ（bowing parameter）という。

132　6. 化合物半導体

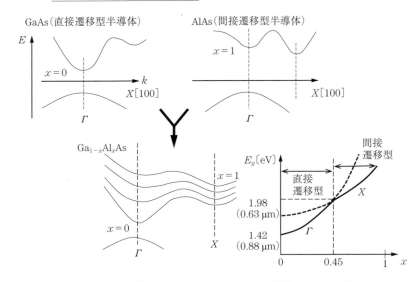

図 6.2 GaAs および AlAs のエネルギーバンド構造と，$Ga_{1-x}Al_xAs$ のエネルギーバンド構造の組成比依存性の概念図

表 6.4 化合物半導体の禁制帯幅の組成比依存[3]

半導体	直接遷移端	間接遷移端 (X 点)	間接遷移端 (L 点)
$Al_xIn_{1-x}P$	$1.351 + 2.23x$		
$Al_xGa_{1-x}As$	$1.425 + 1.247x + 1.147(x-0.45)^2$	$1.900 + 0.125x + 0.143x^2$	$1.708 + 0.642x$
$Al_xIn_{1-x}As$	$0.360 + 2.012x + 0.698x^2$		
$Al_xGa_{1-x}Sb$	$0.726 + 1.129x + 0.368x^2$	$1.020 + 0.492x + 0.077x^2$	$0.799 + 0.746x + 0.334x^2$
$Al_xIn_{1-x}Sb$	$0.172 + 1.621x + 0.43x^2$		
$Ga_xIn_{1-x}P$	$1.351 + 0.643x + 0.786x^2$		
$Ga_xIn_{1-x}As$	$0.360 + 1.064x$		
$Ga_xIn_{1-x}Sb$	$0.172 + 0.139x + 0.415x^2$		
GaP_xAs_{1-x}	$1.424 + 1.150x + 0.176x^2$		
$GaAs_xSb_{1-x}$	$0.726 - 0.502x + 1.2x^2$		
InP_xAs_{1-x}	$0.360 + 0.891x + 0.101x^2$		
$InAs_xSb_{1-x}$	$0.18 - 0.41x + 0.58x^2$		

$$E_g = a + bx + cx^2 \tag{6.4}$$

一方，四元Ⅲ-Ⅴ族化合物半導体では禁制帯幅と格子定数を，図 6.1 の灰色の範囲内であれば，ほぼ独立に制御することができる。その例を，$In_{1-x}Ga_xAs_yP_{1-y}$ で示す。この半導体は直接遷移型であり，光通信用の発光源として重要な材料である。InP 基板に格子整合する場合

$$y = \frac{0.42x}{0.18 + 0.02x} \tag{6.5}$$

とすることで，禁制帯幅を

$$E_g = 1.35 - 0.72y + 0.12y^2 \tag{6.6}$$

として，格子定数と独立に制御可能である。ただし，混晶半導体の中には，ある組成範囲で組成分離が生じて混晶が形成できない場合もある。そのようなとき，ミシビリティギャップ（miscibility gap）を持つという。

6.4　半導体積層構造の結晶成長方法

　基板上に n 型または p 型半導体薄膜を，10 nm の精度で結晶成長するには，特殊なエピタキシャル成長技術が必要である。エピタキシャル成長とは，用いる基板表面の原子配列を利用して，その上に，原子配列の整った膜を成長することである。著者が大学院生だった 1990 年代には，液相成長法（lquid phase epiaxy：LPE）がまだ使われていたが，ここでは，代表的な薄膜成長技術として，有機金属気相成長法（metal organic vapor phase epiaxy：MOVPE）と，分子線エピタキシー法（molecular beam epiaxy：MBE）による，AlGaAs 膜の成長を取り上げる。MOVPE は，MOCVD（metal organic chemical vapor deposition）とも呼ばれる。

（1）**MOVPE**　　有機化合物として金属元素を供給し，それらの熱分解によって結晶成長する方法である（**図 6.3**）。AlGaAs を形成するには，トリメチルアルミニウム〔TMAl；$Al(CH_3)_3$〕，トリメチルガリウム〔TMGa；$Ga(CH_3)_3$〕を H_2 ガスで反応管内に運び，高周波の電磁波で加熱された支持体

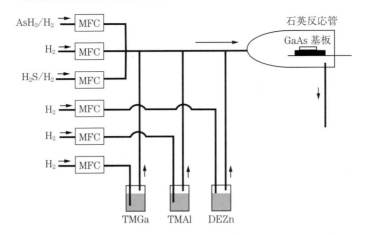

図 6.3 MOVPE 結晶成長装置の概略図〔MFC (mass flow controller) は，ガスの流量を制御する流量計である。〕

上の GaAs 基板で熱分解し，アルシン AsH_3 と次式の反応により AlGaAs を得る。

$$Al(CH_3)_3 + Ga(CH_3)_3 + AsH_3 + \frac{3}{2}H_2 \longrightarrow AlGaAs + 6CH_4 \quad (6.7)$$

一般に，多層膜の成長はガス流量の切り替えによって制御される。n 型および p 型不純物のドーピングには，H_2S などの水素化物やジエチル亜鉛〔DEZn；$Zn(C_2H_5)_2$〕などの有機化合物が用いられる。Al はきわめて化学的に活性であるが，MOVPE 法では，高温域は基板近傍のみであるため，反応管と Al の反応が避けられる。

（2） MBE 10^{-7} Pa 程度の超高真空中で，加熱蒸発した原子または分子線を基板上に蒸着し，エピタキシャル成長する方法を分子線エピタキシー法と呼ぶ（**図 6.4**）。堆積する膜の組成は，各元素の蒸発量を制御することによって制御できる。1 原子層単位に近い精度で組成と膜厚の制御が可能である。したがって，MBE 法は，すべての結晶成長法の中で最も制御性の高い成長方法であるといえる。また，真空下である利点を生かして，成長中にさまざまな分析が可能である。例えば，電子線を 20〜30 kV で加速することで，格子定数よりもはるかに波長の短い電子波を作り出すことができる。そのような電子

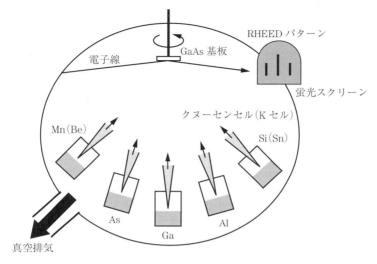

図 6.4　MBE 結晶成長装置の概略図

波は，GaAs 基板表面に成長した薄膜の表面状態（原子配列）に非常に敏感であり，成長時にどのような結晶状態にあるか，その場での観察が可能である。このような装置を反射高速電子線回折（reflection high-energy electron diffraction：RHEED）と呼ぶ。ただし，その反面，堆積速度が遅いことは否めない。

章 末 問 題

(1) ベガード則を用いて，つぎの化合物半導体の格子定数を求めよ。
　(a)　$In_{0.53}Ga_{0.47}As$
　(b)　$InAs_{0.4}P_{0.6}$
　(c)　$In_{0.8}Ga_{0.2}As_{0.4}P_{0.6}$
(2) InP 基板を用いて，波長 1.3 μm で発振するダブルヘテロ構造半導体レーザを作りたい。このとき，禁制帯幅の小さい材料と大きい材料の組み合わせを挙げよ。
(3) GaInN 系半導体について，ボーイングパラメータを調べよ。

7. 発光ダイオード

7.1 は じ め に

　発光ダイオードは，LED（light-emitting diode）と呼ばれる pn 接合ダイオードである。自然放出により，電気エネルギーを効率よく直接光エネルギーに変換する素子であり，1962 年に GE 社にいた Holonyak が，$GaAs_{1-x}P_x$ でホモ接合の赤色 LED を実証したことに始まる。その後，1990 年代に入り，青色 LED が開発されたことで白色 LED が登場した。そのインパクトは大変大きく，LED の用途が爆発的に増大した。LED では，順方向に 2～3 V 程度の電圧印加を行い，数～数百 mA の電流が流れる。20 世紀を灯してくれた白熱電球は，LED に置き換わりつつあり，先進国ではしだいに姿を消しつつある。青色 LED の実現に多大な貢献をした赤崎，天野，中村の 3 氏に，2014 年度のノーベル物理学賞が授与されたことは記憶に新しい。

　LED では，式 (2.39) にあるように，単位体積当り単位時間当りの再結合割合は，電子密度とホール密度の積に比例する。本章では，LED の動作原理である自然放出を再訪し，pn 接合ダイオードでどのように自然放出が生じるのか理解する。その後，ダブルヘテロ接合ダイオードへ進む。LED は，ただ単に光を放つだけでなく，通信用途にも使われている。このため，レート方程式を示し，直接変調の動作が，どのような機構で制限されているのかも考える。**表 7.1** に，発光素子の発光波長を示す[1]。

表 7.1 発光素子の発光波長[1]

半導体材料	色	ピーク波長〔nm〕	半導体材料	色	ピーク波長〔nm〕
GaP	赤	699	SiC	黄	590
GaP	緑	570	GaN	青	440
GaP	黄	590	GaN	緑	515
GaAs$_{0.6}$P$_{0.4}$	赤	649	InSe	黄	590
GaAs$_{0.35}$P$_{0.65}$	オレンジ	632	GaAs	赤外	940
GaAs$_{0.15}$P$_{0.85}$	黄	589	GaAs$_{0.94}$Sb$_{0.06}$	赤外	1 060
Al$_{0.3}$Ga$_{0.7}$As	赤	649	In$_{0.15}$Ga$_{0.85}$As	赤外	1 060
Ga$_{0.58}$In$_{0.42}$P	アンバー	617	GaInAsP	赤外	1 200〜1 700

7.2 半導体で自然放出を実現するには

ここでは，図 7.1 に示す水素原子を取り上げ，自然放出の原理を述べる。自然放出とは，エネルギーの高い準位にある電子が，外からの刺激に無関係に自然にエネルギーの低い準位に遷移するとき，光を放つ現象である。このとき，エネルギーが高い準位（$n = 2$）に電子がいることも重要であるが，エネルギーが低い準位（$n = 1$）に電子がいないこと，つまり，$n = 1$ の状態に $n = 2$ の電子が遷移できることが重要である。

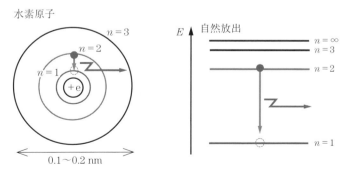

図 7.1 水素原子における主量子数 $n = 2$ の電子が，$n = 1$ に遷移する様子を実空間およびエネルギー準位の視点から捉えた概念図

138　　7. 発光ダイオード

　つぎに，半導体に話を移そう．**図 7.2** の左側の図は，n 型半導体および p 型半導体の伝導帯と価電子帯の電子のつまり具合を示した模式図である．n 型半導体には伝導帯に電子が存在する．しかし，価電子帯が電子でつまっているため，伝導帯の電子は価電子帯に遷移できない．つまり，このままでは発光しない．p 型半導体はどうであろうか．価電子帯の上端にはホールが存在するため，電子が遷移できる．しかし，伝導帯の下端にはほとんど電子が存在しない．やはり，このままでは発光しない．半導体で発光を得るには，n 型および p 型半導体に関わらず，図 7.2 の右側に示すように，伝導帯の下端に電子が存在し，価電子帯の上端にホールが存在する状態を作る必要がある．このような状態を実現する方法の一つが，pn 接合ダイオードに順方向にバイアス電圧を印加して，電子とホールを電流として注入することである．

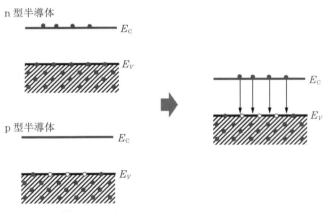

図 7.2　n 型および p 型半導体の伝導帯下端および価電子帯上端の模式図（左）（自然放出を得るためには，右図に示すように，伝導帯下端に電子が存在し，同時に，価電子帯上端にホールが存在する状態を実現する必要がある．）

　図 7.3 に，順方向バイアス印加時の pn 接合ダイオードのエネルギーバンド図を示す．n 型半導体から p 型半導体に電子が注入され，また，p 型半導体から n 型半導体にホールが注入される様子が示されている．このとき，図 7.2 の右図の状態が実現できているため，伝導帯下端の電子は価電子帯上端に遷移

7.2 半導体で自然放出を実現するには

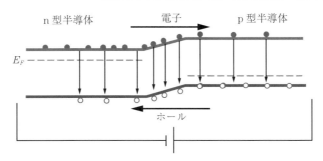

図7.3 順方向バイアス印加時のpn接合ダイオードのエネルギーバンド図と，電子およびホールの注入の様子を示す

することができる。別のいい方をすると，伝導帯下端の電子が価電子帯上端のホールと再結合するといってもよいが，両者は同じことである。

半導体の自然放出では，2章で扱った2準位間の光学遷移とは異なり，エネルギーに幅がある。これは，フェルミ・ディラック分布関数に従い，電子密度およびホール密度にエネルギー分布があるためである。このことを表すのが，**図7.4**である。自然放出光のスペクトルは，実際には，バンド端近傍の状態密度を反映して，低エネルギー側にも広がる。

自然放出光のスペクトル形状は，つぎのように表せる。

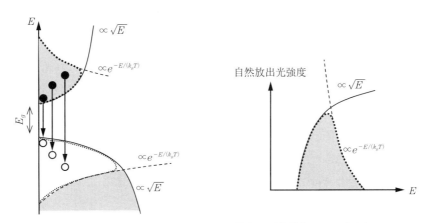

図7.4 自然放出の概念図と発光スペクトルの模式図（半導体では，電子とホールのエネルギーがフェルミ・ディラック分布関数に従い広がっている。このため，自然放出の発光スペクトルにはエネルギー拡がりがある。）

140   7. 発光ダイオード

$$I(\hbar\omega) \propto \omega^2(\hbar\omega - E_g)^{1/2} \exp\left(-\frac{\hbar\omega - E_g}{k_B T}\right) \tag{7.1}$$

図7.4で示したように，スペクトル形状は，低エネルギー側で電子の状態密度のエネルギー分布を反映し，また，高エネルギー側では，ボルツマン分布を反映するといえる。

7.3　ホモ接合ダイオードから
　　　ダブルヘテロ接合ダイオードへ

　同じ注入電流の大きさで，より強い発光を得る，つまり，電子とホールの再結合割合を増やすには，どうすればよいであろうか。自然放出の割合は，式(2.39) で示したように，電子密度とホール密度の積に比例する。つまり，同じ注入電流であれば，電子とホールを狭い空間に閉じ込めることで，電子密度とホール密度を大きくすることが可能である。ホモ接合ダイオードの場合，式(3.23) および (3.24) に示したように，電子は p 型半導体に少数キャリヤ拡散長 L_e の範囲で拡散するといえる。また，ホールは n 型半導体に少数キャリヤ拡散長 L_h の範囲で拡散するといえる。少数キャリヤ拡散長は，直接遷移型半導体では数 μm である。**図7.5** に示すように，空乏層幅 W を含めて，$L_h + W + L_e$ の範囲に電子とホールが広がり，この領域で再結合が生じる。また，再結合で発生した光子のエネルギーが禁制帯幅に近いため，ダイオード自身で光のエネルギーが吸収され，外部に出力される光の強度が弱いという問題もあった。

　キャリヤの広がりを抑えるには，図3.8 および図3.9 のヘテロ接合で登場したバンド不連続 ΔE_C および ΔE_V を利用する。**図7.6** に示すように，禁制帯幅の大きな GaAlAs で禁制帯幅の小さな GaAs を挟む構造である。GaAlAs/GaAs の組み合わせは，ΔE_C および ΔE_V により，GaAs 中に電子およびホールを閉じ込めることができる。発光する GaAs 層を活性層と，また，ヘテロ接合が二つあるため，この構造をダブルヘテロ構造（double hetero structure：DH）と呼ぶ。

7.3 ホモ接合ダイオードからダブルヘテロ接合ダイオードへ

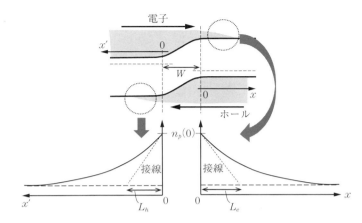

図 7.5 順方向バイアス印加時の pn 接合ダイオードのエネルギーバンド図（電子とホールは，少数キャリヤの拡散長ほど中性領域に侵入する。）

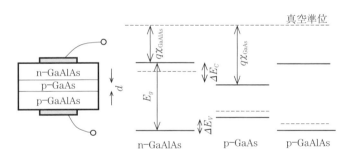

図 7.6 GaAlAs/GaAs のバンドアライメント

ダブルヘテロ構造の場合，活性層の厚さを注入キャリヤの拡散長よりも十分小さくできれば，注入されたキャリヤ密度の分布は，活性層内で均一になる。活性層における電子密度の時間変化は，単位時間当りに注入される電子密度と，再結合によって失われる電子密度の差であるから

$$\frac{dn}{dt} = \frac{J}{qd} - \frac{n}{\tau_e} \tag{7.2}$$

定常状態では

$$n = \frac{\tau_e J}{qd} \tag{7.3}$$

ホモ接合では

$$n = \frac{\tau_e J}{qL_e} \tag{7.4}$$

となる．活性層の厚さ d は，約 $0.1\,\mu\mathrm{m}$ である．少数キャリヤ拡散長と比べると1桁以上小さい．このため，式 (7.3)，(7.4) を比べると，ダブルヘテロ構造では活性層内のキャリヤ密度をホモ接合に比べて飛躍的に高めることが可能であるといえる．また，ホモ接合では再結合で発生した光のエネルギーが禁制帯幅に近いため，ダイオード自身で光のエネルギーが吸収され，外部に出力される光の強度が弱いという問題もあった．

DH 構造では，図 **7.7** に示すとおり，バンド不連続により，電子およびホールが厚さ d の GaAs 活性層に集まることになり，ホモ接合ダイオードと比較して，GaAs 活性層内のキャリヤ密度を格段に増大させることが可能である．そのため，格段に電流注入密度の増加とともに，自然放出によるキャリヤ再結合割合が増加して発光強度が強くなる．また，GaAs の禁制帯幅は GaAlAs よりも小さいため，GaAs での再結合で生じた光のエネルギーが周囲の GaAlAs 半導体で吸収されにくい．このため，DH 構造 LED はホモ接合 LED を比較して，格段に発光強度が大きい．

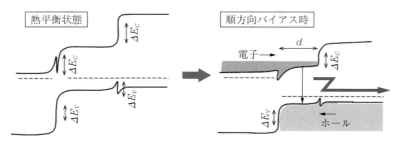

図 7.7 n-GaAlAs/p-GaAs/p-GaAlAs DH 構造ダイオードの熱平衡状態（左）および順方向バイアス時（右）のバンドアライメント

7.3 ホモ接合ダイオードからダブルヘテロ接合ダイオードへ 143

DH 構造では，活性層の周囲の禁制帯幅が大きな半導体をクラッド層と呼ぶ。

GaAlAs/GaAs ヘテロ接合系は，表 6.3 に示したように，組成比により格子定数がほとんど変わらない珍しい組み合わせである。これが，8 章で説明する世界初の室温連続動作を達成したレーザダイオードに結びつく。

なお，ダブルヘテロ接合を用いると活性層のキャリヤ密度が高まるため，電子・ホール対の再結合割合が確かに大きくなるが，ダイオードへの注入電流が同じ大きさであれば，ホモ接合で注入された電子・ホール対も半導体内にとどまるもののいずれ再結合により自然放出光を出すと考えられる。このように考えると，トータルの光子数は，ダブルヘテロ接合でもホモ接合でも変わらないのではないか，との疑問が生じる。しかし，現実の半導体には必ず欠陥が存在し，非発光再結合中心として働く。つまり，発光再結合を待っている間に，電子・ホール対はどんどん数が減っていくと考えれば，発光再結合割合を高めることが可能なダブルヘテロ接合のほうが，やはり発光強度増大には有利であるといえる。

また，ホモ接合ダイオードでは，再結合で発生した光のエネルギーがダイオード自身で吸収され，外部に出力される光の強度が弱いと指摘した。しかし，光の吸収によって生じた電子・ホール対がすべて再び発光に寄与するのであれば，発光強度は変わらないのでは，との疑問も生じる。しかし，ここでも欠陥に起因する非発光再結合が存在するため，発光に寄与する電子・ホール対の数は減少すると考えることができる。このように，現実には，発光再結合以外にもつねに非発光再結合が無視できない割合で存在することに目を向ける必要がある。なお，DH 構造ダイオードの温度が上昇すると，図 7.7 のバンド不連続を超えるエネルギーを持つキャリヤが生じるため，いわゆるキャリヤの漏れが生じる。また，非発光再結合の割合が大きくなるため，同じ注入電流に対する発光強度は低下する。

7.4 静特性と動特性

LEDは照明だけでなく，光通信用の光源としても使われている．図7.8に示す電気信号のパルス列（ディジタル信号の0または1に対応）を，1秒間にできるだけ多くの光パルス列（ディジタル信号の0または1に対応）に変換できれば，より多くの情報を送信できることにつながる．ここでは，電流の大小を発光強度の大小に変換する直接変調では，変調周波数の上限がLEDの場合にはキャリヤ寿命時間で制限されることを導く．このような取り扱いをする際に，レート方程式を用いる．

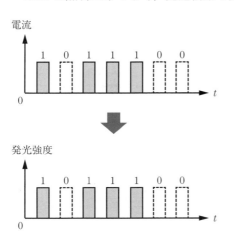

図7.8 LEDに流す電流パルス列と，それによる光強度のパルス列の概念図

活性層に注入する電流をI，活性層内のキャリヤ密度をN，光子密度をS，活性層の体積をV，キャリヤ寿命時間をτ_s，光子寿命時間をτ_pとする．光子寿命とは，電子とホールの再結合により生じた光子が，LEDから外へ出力されるまで活性層にとどまる時間である．活性層内では，キャリヤ密度および光子密度ともに場所によらず一様とすると，つぎのレート方程式が成り立つ．

$$\frac{dN}{dt} = \frac{I}{q}\frac{1}{V} - \frac{N}{\tau_s} \tag{7.5}$$

$$\frac{dS}{dt} = \frac{N}{\tau_s} - \frac{S}{\tau_s} \tag{7.6}$$

式(7.5)の右辺第1項は，電流注入によるキャリヤ密度の増加を表す．右辺第2項は，自然放出によるキャリヤ密度の減少を表す．式(7.6)の右辺第1項は，自然放出による光子密度の増加を表す．右辺第2項は，光の放出による光

子密度の減少を表す。実際のデバイスではキャリヤ密度の減少は，SRH 再結合など非発光成分も存在するが，ここでは最も単純化したモデルを考える。

式 (7.5)，(7.6) は，小信号解析の手法により解析的に解くことが可能である。

N, S, I を，つぎのように時間変化しない直流成分 N_0, S_0, I_0 と，角周波数 ω で振動する交流成分の和で表す。ここで，交流成分の振幅を，それぞれ n, s, i とし，これらは直流成分に比べて十分小さい（$N_0 \gg n$, $S_0 \gg s$, $I_0 \gg i$）とする。

$$\left.\begin{array}{l} N = N_0 + ne^{j\omega t} \\ S = S_0 + se^{j\omega t} \\ I = I_0 + ie^{j\omega t} \end{array}\right\} \tag{7.7}$$

注入電流と光子密度の関係を，**図 7.9** に示す。式 (7.7) を式 (7.5)，(7.6) に代入する。

$$\left.\begin{array}{l} j\omega n e^{j\omega t} = \dfrac{1}{qV}(I_0 + ie^{j\omega t}) - \dfrac{N_0 + ne^{j\omega t}}{\tau_s} \\ j\omega s e^{j\omega t} = \dfrac{N_0 + ne^{j\omega t}}{\tau_s} - \dfrac{S_0 + se^{j\omega t}}{\tau_p} \end{array}\right\} \tag{7.8}$$

（1） 直流成分について

$$\left.\begin{array}{l} \dfrac{I_0}{qV} - \dfrac{N_0}{\tau_s} = 0 \\ \dfrac{N_0}{\tau_s} - \dfrac{S_0}{\tau_p} = 0 \end{array}\right\} \tag{7.9}$$

これより，つぎの 2 式を得る。

$$S_0 = \dfrac{\tau_p I_0}{qV} \tag{7.10}$$

$$N_0 = \dfrac{\tau_s I_0}{qV} \tag{7.11}$$

これらの式から，LED ではキャリヤ密度および光子密度は，**図 7.10** に

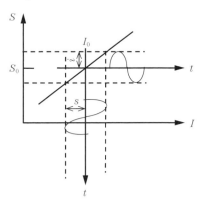

図 7.9 LED に注入する電流の時間変化と，光子密度の時間変化の関係を表す模式図

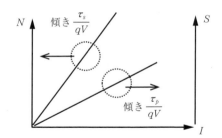

図 7.10 LED に注入する電流と，光子密度の関係を表す模式図

示すように，注入する電流に比例することがわかる。光子密度は光出力に直結するため，LED では，光出力は注入電流に比例するといえる。

（2）交流成分について

$$\left. \begin{array}{l} j\omega n = \dfrac{i}{qV} - \dfrac{n}{\tau_s} \\[2mm] j\omega s = \dfrac{n}{\tau_s} - \dfrac{s}{\tau_p} \end{array} \right\} \quad (7.12)$$

これより，電流 i に対する光子密度 s の比を導出する。

$$\frac{s}{i} = \frac{\tau_p}{qV} \frac{1}{(1+j\omega\tau_s)(1+j\omega\tau_p)} \tag{7.13}$$

ここで，τ_p は 1 ps 程度であり，τ_s に比べて格段に小さいので $\tau_p \ll \tau_s$ である。よって，変調度 M は，次式で与えられる。

$$M = \frac{\tau_p}{qV} \frac{1}{\sqrt{1+(\omega\tau_s)^2}} = \frac{\tau_p}{qV} \frac{1}{\sqrt{1+(2\pi f \tau_s)^2}} \tag{7.14}$$

変調度は，LED の光出力が電流により制御できる度合いを示すパラメータである。変調度が周波数 f の増加とともにどのように変化するかを調べるため，$f = 0$ 〔Hz〕の変調度 $M(0)$ を用いて規格化すると，次式が得られる。

$$\frac{M(f)}{M(0)} = \frac{1}{\sqrt{1+(2\pi f \tau_s)^2}} \tag{7.15}$$

式 (7.15) の概形を，**図 7.11** に示す。周波数がある程度高くなると，変調度は減少し始め，$f_C = 1/(2\pi\tau_s)$ のとき，$f = 0$ の値の $1/\sqrt{2}$ 倍になる。このことは，$f = f_C$ のとき，LED の光出力が電流の位相から $\pi/4$ ほど遅れることを意味する。電流による光出力の直接変調では，この f_C

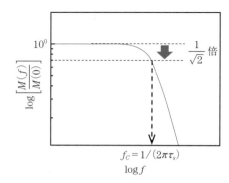

図 7.11 変調度の周波数依存性を表す模式図

を直接変調の上限と考える。つまり，直接変調の上限周波数は，LED 活性層内のキャリヤ寿命で制限されるといえる。直接遷移型半導体では，τ_s は約 10 ns である。このため，直接変調可能な上限の周波数 f_c は，数十 MHz にとどまる。一般に大容量の光通信用光源には，LED ではなく半導体レーザダイオード（laser diode：LD）が使われる。この理由を，8 章で探ってみよう。

章　末　問　題

(1)　自然放出光のスペクトルは，式 (7.1) で与えられる。このとき，発光ピークのエネルギーを与える式を求めよ。また，スペクトルの半値幅を求めよ。

(2)　自然放出光のピーク波長が 0.60 μm であるとき，スペクトルの半値幅を計算せよ。

(3)　波長 1.3 μm の自然放出光を出す物質の上の準位と下の準位の電子数比を，室温で計算せよ。

(4)　ある半導体材料の発光再結合係数の値を $B = 10^{-10}$ 〔cm³/s〕とする。このとき，注入電子密度が 10^{18} cm⁻³ とすると，キャリヤ寿命時間はいくらになるか計算せよ。

(5)　LED の直接変調の上限周波数が，キャリヤ寿命時間で制限される理由を説明せよ。

8. レーザダイオード (LD)

8.1 はじめに

　LEDから出射される光は，自然放出光であり，位相がそろっていない。一方，誘導放出光であるレーザ光は，自然放出光に比べて波長拡がりがきわめて少なく，かつ，位相がそろったコヒーレント光である。特に，波長 1.3〜1.5 µm 帯の LD は光ファイバの損失が最も少ない波長域に合致し，光ファイバ通信に欠かせない光源として，現代社会を支える情報通信技術の基盤になっている。半導体 LD は，1970 年当時，米国 Bell 研究所にいた林らが，p-AlGaAs/GaAs/n-AlGaAs ダブルヘテロ構造を用いることで，連続発振に室温で初めて成功した。しかし，誘導放出の考え方そのものは 1917 年の A. Einstein まで遡る。1956 年には，A. L. Sharlow と C. H. Townes がメーザ (maser : microwave amplication by stimulated emission of radiatio) を提案し，1960 年には Maiman によってルビーレーザが，1961 年には Javan, Bennett, Herriot によって He-Ne ガスレーザが開発されていった。それらに比べて，半導体 LD はきわめてコンパクトな光源といえる。出力は数 mW 程度が普通であるが，数百 W 程度に及ぶ大出力レーザもある。半導体 LD も LED も，印加電圧は 2〜3 V 程度で，電流は数〜数百 mA である。

　本章では，そのような半導体 LD の動作原理を理解することを目標とする。

8.2 LDの基本構造

一般的なファブリーペロー（Fabry-Perot）型LDの模式図を，**図8.1**に示す。基本構造は，半導体基板上にエピタキシャル成長で形成したDH構造で構成されるpn接合ダイオードである。活性層内のキャリヤ密度を高めるため，活性層の周囲を絶縁体で囲んだ電流狭窄構造になっていて，表面電極はストライプ状である。

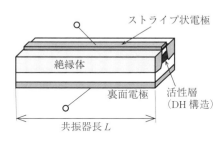

図8.1 LDの基本構造図

レーザ光は，LDの表面からではなく，共振器方向の側面から放射される。側面はへき開によって特定の結晶面を出した形になっており（多くの場合，へき開しやすい{110}面が選ばれる），へき開面は，半導体と空気の屈折率の違いにより，鏡の役割を果たす。反射率は約30％である。電流注入により電子・ホール対が活性層内で再結合し，自然放出光を出す。式(2.38)で示されたように，自然放出から誘導放出に移るには光の閉じ込めが不可欠である。自然放出光のうち，共振器構造により特定の波長のみについて共振器内に定在波が立つが，図8.1の構造で，活性層内の光子密度が高まるのはなぜだろうか。LDの動作原理に入る前に，モードの概念も含めて，このあたりをまず明らかにする。

8.3 導波モードについて

図8.2に示すように，x軸方向に階段屈折率分布を有する3層構造の平板導波路を，z軸方向に光が伝搬する場合を考える。屈折率は，厚さ$2a$の材料1（コア）でn_1，上下の材料2（クラッド）でn_2と，材料1のほうが大きくなっている。材料1から材料2/材料1の界面へと光が入射する場合を考える。簡

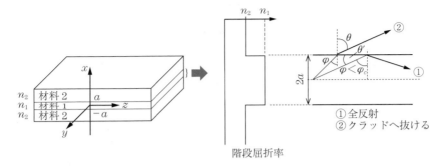

図 8.2 x 軸方向に階段屈折率分布を有する 3 層構造の導波路内を，z 軸方向に光が伝搬する様子

単のため，光は z-x 平面のみに存在するとする．屈折の法則より

$$n_1 \sin \varphi = n_2 \sin \theta \tag{8.1}$$

$n_1 > n_2$ より，材料 2 へ光が入射しない，つまり，$\theta = \pi/2$ となる入射角 φ_c が存在する．これを全反射と呼ぶ．このとき

$$\sin \varphi_c = \frac{n_2}{n_1} \tag{8.2}$$

一方，$\varphi < \varphi_c$ のときは，光がクラッドへ入射するため，材料 1 と 2 の境界面で反射を繰り返すたびにコア部の光は弱くなり，導波路が長い場合には z 軸方向へは伝搬しない．z 軸方向に伝搬するには，コア／クラッド境界面で全反射を起こすことが必須である．一般に，コアとクラッドの屈折率の差は数 % 程度と小さい．このため，全反射が生じるとき，θ' は 0 度に近いといえる．このため，コアの厚さ $2a$ に比べ，コア部の z 方向の長さが十分に大きい必要があるが，全反射が生じると，光がコア部に集中するといえる．

つぎに，コア部およびクラッド部を伝搬する波動の様子を具体的に調べる．**図 8.3** に示すように，伝搬方向（z 方向）に電場成分を持たない TE モード（transverse electric mode）を考える．伝搬方向に電場成分を持つ TM モード（transverse magnetic mode）も存在するが，TE モードと同様の扱いで導出できるため，本書では TE モードに集中する．マクスウェル方程式より

8.3 導波モードについて

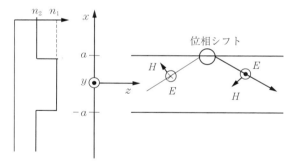

図 8.3 z 軸方向にコア部を伝搬する TE モードの模式図

$$\left.\begin{array}{l} \nabla \times E = -\mu_0 \dfrac{\partial}{\partial t} H \\ \nabla \times H = \varepsilon \dfrac{\partial}{\partial t} E \end{array}\right\} \tag{8.3}$$

TE モードなので，電場は y 成分 E_y のみを持ち，磁場は y 成分が 0 である．これから，電場 E_y についての微分方程式を得る．

$$\frac{\partial^2 E_y}{\partial x^2} + \frac{\partial^2 E_y}{\partial z^2} = \varepsilon\mu_0 \frac{\partial^2 E_y}{\partial t^2} \tag{8.4}$$

$E_y(z, x, t)$ を，次式のように伝搬定数 β を使って表す．

$$E_y(z, x, t) = E_y(x) e^{j(\omega t - \beta z)} \tag{8.5}$$

ここで，図 8.2 の光線方向の波数を k とすると，z 軸方向の波数である β は

$$\beta = k \cos\theta' \tag{8.6}$$

と表せる．これを式 (8.4) に代入して整理すると

$$\frac{d^2}{dx^2} E_y(x) + (\omega^2\mu_0\varepsilon - \beta^2) E_y(x) = 0 \tag{8.7}$$

$$\omega^2\mu_0\varepsilon = \omega^2\mu_0\varepsilon_0 n^2 = (k_0 c_0)^2 \frac{1}{c_0^2} n^2 = k_0^2 n^2 \tag{8.8}$$

ここで，n は屈折率，c_0 および k_0 は，それぞれ真空中での光速および波数である．これより

$$\frac{d^2}{dx^2} E_y(x) + (k_0^2 n^2 - \beta^2) E_y(x) = 0 \tag{8.9}$$

8. レーザダイオード (LD)

よって

$$|x| \leq a \text{ のとき} \quad \frac{d^2}{dx^2}E_y(x) + (k_0^2 n_1^2 - \beta^2)E_y(x) = 0 \\ |x| > a \text{ のとき} \quad \frac{d^2}{dx^2}E_y(x) + (k_0^2 n_2^2 - \beta^2)E_y(x) = 0 \} \quad (8.10)$$

式 (8.10) の解は，**図 8.4** に示すように，導波路の x 軸に対する対称性から偶数次モードと奇数次モードの二つがある。x 軸方向の光の強度分布を考えるとき，モード番号の数字だけ節が生じる。なお，光強度は電場の 2 乗に比例する。

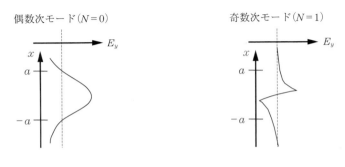

図 8.4 TE モードにおけるモード番号 $N = 0$ と $N = 1$ の光について，x 軸方向の電場分布の模式図（モード番号が節の数を表す。）

モードを直感的に理解するには，つぎのように考える。いま，z 軸方向に，伝搬速度と同じ速度で動いている観測者から見るとする。すると，光の平面波が x 方向に多重反射されるのを観察する。x 方向の 1 回の往復による位相変化が 2π の整数倍でない場合，つまり，定在波が立つ条件を満たさなければ，往復運動によって光の振幅はしだいに 0 となることがわかる。

このように考えると，図 8.1 で示した LD 構造において，共振器の方向（縦モード）および共振器と垂直な方向（横モード）が存在するといえる。活性層の厚さ方向は，活性層が十分に薄いためモード番号 $N = 0$ と考えてよい。

8.4 LDの動作原理

　LD動作時のLDの断面構造，バンドプロファイル，キャリヤ注入，屈折率および光強度分布の模式図を，**図8.5**に示す。半導体の性質により，禁制帯幅の大きな材料は，屈折率が小さい。このため，活性層は周囲のクラッド層に比べて屈折率が大きく，これにより光が集まりやすい構造になっている。また，DH構造により，電子およびホールが活性層に集まり，密度が高くなる。この

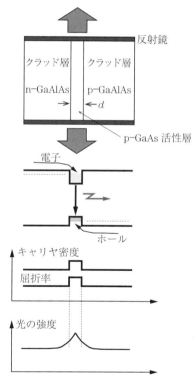

図8.5 LD動作時のLDの断面構造，バンドアライメント，キャリヤ注入，屈折率および光強度分布の模式図

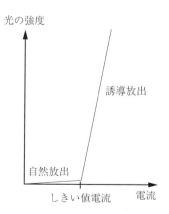

図8.6 LD動作時の電流注入と発光強度の関係（電流が小さいとき，自然放出光が出ているが，あるしきい値を超えたところで誘導放出が始まる。）

154　　8.　レーザダイオード（LD）

ように，DH 構造は，電流注入によりキャリヤ密度および光子密度の両方を高めることが可能な構造であり，式 (2.37) に示す誘導放出割合を負から正にすることが可能な構造といえる。LD では，電流注入による自然放出により禁制帯幅付近のエネルギーを持ち，ややエネルギー拡がりを持つ光子が放出される。そのうち，共振器の方向に全反射により伝搬した光が縦モードの定在波を作るため，自然放出光の広いスペクトルの中でも，ある特定の波長の光が強くなる。電流注入を増やし，あるしきい値を超えたところで誘導放出が起こる。**図 8.6** は，電流注入による発光強度の変化を表した模式図である。このような特性になる理由は，8.8 節で説明する。

　図 8.7 は，1962 年に GE 社にいた Holonyak が，$GaAs_{1-x}P_x$ で pn ホモ接合ダイオードを作製し，電流注入により自然放出光（赤色）を得た後，さらに電流注入を大きくして，77 K にて誘導放出に成功したときの発光スペクトルである[1]。また，**図 8.8** は，1970 年に Bell 研究所にいた林らが，DH 構造を用いることでダイオードによる誘導放出の連続発振に，室温で初めて成功したときのスペクトルである[2]。用いた構造は p-AlGaAs/GaAs/n-AlGaAs DH 構造であり，液相成長法により数百回以上の試行錯誤の末に成功した。

　図 8.7 および図 8.8 より，レーザ発振により発光スペクトルがきわめてシャープになることがわかる。また，図 8.7 では，レーザ発振時の注入電流密度が $19\,kA/cm^2$ であり，太陽電池を流れる電流密度がたかだか $40\,mA/cm^2$ であることと比べて，約 50 万倍も大きいことにも着目してほしい。LD では，DH 構造 LED とは異なり，共振器の方向に光が往復するため，電子とホールの再結合で生じた光は，活性層により吸収されることに注意する必要がある。つまり，レーザ発振するには，吸収に打ち勝つだけの光増幅を電流注入により達成する必要がある。8.5 節で，レーザ発振の条件を導出する。なお，レーザ発振のしきい値電流 I_{th} は，温度上昇とともに上昇する。これを，式 (8.11) のように表す。

$$I_{th} = I_0 \exp\left(\frac{T}{T_0}\right) \tag{8.11}$$

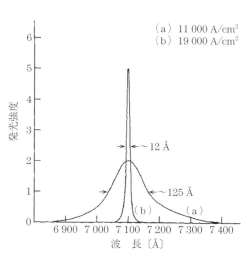

図 8.7 1962年，GaAs$_{1-x}$P$_x$ pn ホモ接合ダイオードにおいて，電流注入 (77 K) で得られた発光スペクトル[1]

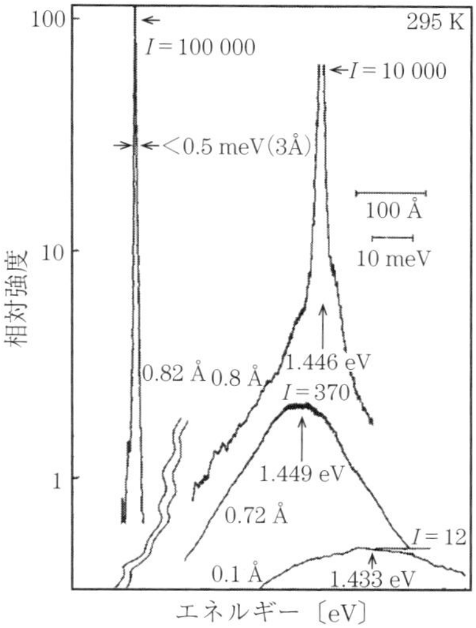

図 8.8 1970年，AlGaAs/GaAs DH 構造ダイオードで得られた電流注入 (295 K) による発光スペクトル[2]

ここで，T_0 を特性温度と呼ぶ。GaAs レーザで 150 ℃ 程度，光通信用の GaInAsP/InP レーザで数十 ℃ 程度である。これは，DH 構造からのキャリヤの漏れが増えること，さらに，非発光再結合割合の増加による。

8.5 レーザ発振の条件

図 8.9 に示すように，長さ L の共振器の方向に z 軸を取り，z 軸方向に進む光の電場を，次式のように表す。

$$E(z) = E_0 \exp(j\beta z) \exp\left(\frac{g-\alpha}{2} z\right) \tag{8.12}$$

ここで，β は z 軸方向の光の伝搬定数，g は利得係数 [cm^{-1}] である。光の強度は電場の2乗に比例するため，式 (8.12) で減衰 (増幅) に関連する項に 1/2 がかかっている。

8. レーザダイオード (LD)

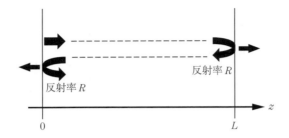

図 8.9 共振器長方向の光の伝搬を電場を用いて表す
（レーザ端面での光の反射率を R とする。）

$z = 0$, L での光強度の反射率を R とする。レーザ発振には，1 往復したときに，光強度が少なくとももとの大きさになっている必要があるため，次式が成り立つ。

$$E(0) \times \exp(-j\beta L) \times \exp\left(\frac{g-\alpha}{2}L\right) \times \sqrt{R} \times \exp(-j\beta L)$$
$$\times \exp\left(\frac{g-\alpha}{2}L\right) \times \sqrt{R} = E(0) \tag{8.13}$$

式 (8.13) で，電場の反射係数を反射率 R の平方根とした。式 (8.13) より

$$\exp(-j2\beta L) \times R\exp[(g-\alpha)L] = 1 \tag{8.14}$$

これより

$$\exp(-j2\beta L) = 1 \tag{8.15}$$
$$R\exp[(g-\alpha)L] = 1 \tag{8.16}$$

式 (8.15) をレーザ発振の位相条件，式 (8.16) を電力条件という。

式 (8.15) より

$$\frac{\lambda}{2n} \times m = L \tag{8.17}$$

ここで，λ は真空中での光の波長，n は活性層の屈折率，m は自然数であり，共振器中に定在波が立つ条件を示す。

また，式 (8.16) より

$$g_{\text{th}} = \alpha + \frac{1}{L}\ln\left(\frac{1}{R}\right) \tag{8.18}$$

これより，共振器長が長いほど，また，反射率が大きいほどレーザ発振に必要な利得係数が小さくなる，つまり，レーザ発振しやすくなるといえる．**図 8.10** に，キャリヤ注入に伴う吸収係数および利得係数の変化の例を示す．半導体では，禁制帯幅よりも大きな光に対して光吸収が生じる．キャリヤ注入の増加により，利得係数が大きくなり，利得係数が光吸収係数を凌駕する，つまり，式 (8.12) で，$g - \alpha > 0$ となる．

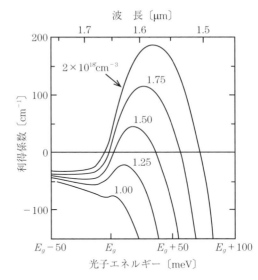

図 8.10 GaInAs/InP 結晶で，電子を伝導帯に注入した場合の利得係数の波長依存[3]

式 (8.17) に具体的な数値を入れて，定在波の腹の数を調べる．いま，$L = 500\,\mu\text{m}$，$\lambda = 1.5\,\mu\text{m}$，$n = 3$ とすると，$m = 2\,000$ となる．これだけモード番号 m が大きいと，m の大きさが少し異なる場合でも，$\lambda = 1.5\,\mu\text{m}$ から自然放出光スペクトルの範囲内で，定在波の条件を満たす波長が複数ある．式 (8.17) より，波長による屈折率の差を無視すると，m 次と $(m + 1)$ 次の間の波長間隔 $\Delta\lambda$ は，次式で表され，約 $0.5\,\text{nm}$ である．

$$\Delta\lambda = -\frac{\lambda_0{}^2}{2nL} \tag{8.19}$$

実際には，**図 8.11** に示すように，複数の共振器モードのうち，しきい値電流での最大利得を与える波長に最も近い縦モードがレーザ発振となって選択される．

158   8. レーザダイオード (LD)

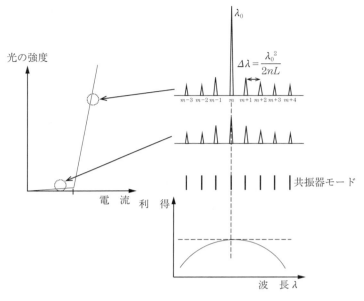

図 8.11　注入電流の増加に伴うレーザ発振と縦モードの多モード化の模式図

8.6　単一モードレーザ

　半導体レーザの発振波長は，8.5 節で見たように，共振器モードの一つに定まる。ただし，光通信用のレーザでは，電気信号を光信号に変換する際に，注入電流の大きさを変調するが，その際，活性層の屈折率がわずかではあるが変化することで位相条件が変わり，結果として，レーザの発振波長が別のモードに移動するモード・ホッピングという現象が生じる。半導体の屈折率は，温度によっても変化する。このような発振波長の急な変化を防ぎ，発振波長をある一つの波長に定めた単一モードレーザが利用されている。ここでは，代表的な二つの単一モードレーザについて紹介する。なお，横モードの単一モード化は，電流狭窄構造により活性層の幅を小さくすることで容易に達成可能である。

（1）　**DFB レーザ**　　分布帰還型レーザ（distributed feedback LD）と呼

ばれ，共振器の反射鏡を分光器と同じ原理の回折格子で形成したものである。
図 8.12 に，DFB レーザの断面概略図を示す。

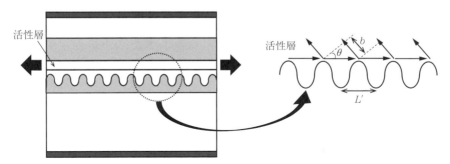

図 8.12 DFB レーザの断面概略図（周期構造が回折格子の働きをして，波長選択制を持つ。）

半導体では，結晶組成が異なると禁制帯幅が異なり，屈折率がわずかに変化する。活性層を共振器方向に伝搬する光にとって，組成が変化した半導体は，反射体として扱える。結晶組成の異なる領域が周期的に配列されれば，それぞれの部分で反射されて戻ってくる光波は位相がすべて一致する場合がある。その場合，個々の反射強度は小さくとも，全体として高い反射率が得られる。図8.12 のように，共振器方向に周期 L' を持つ周期構造を考える。光が回折格子に入射した際に，角度 θ 方向にブラッグ反射が生じるとする。反射光が強め合うのは，各反射光の光路差が半導体内の光の波長 (λ/n) の整数倍のときである。よって

$$L' + b = \frac{\lambda}{n} \times m \tag{8.20}$$

ここで，$b = L' \sin\theta$ より

$$\sin\theta = \left(\frac{\lambda}{nL'}\right) \times m - 1 \tag{8.21}$$

活性層内の共振器方向の光の伝搬を考えるには，入射光と反対に戻る光に注目する必要がある。よって，$\theta = \pi/2$ とすると

$$L' = \left(\frac{\lambda}{2n}\right) \times m \tag{8.22}$$

これより

$$\Delta\lambda_m = -\frac{\lambda_m}{m+1} \tag{8.23}$$

$\lambda_m = 1.5\,\mu\text{m}$ のとき，$m = 1$ で $\Delta\lambda_m = 0.75\,\mu\text{m}$，$m = 2$ で $\Delta\lambda_m = 0.5\,\mu\text{m}$ となり，共振モードの波長間隔が，通常のファブリーペロー型 LD に比べて格段に広いといえる。このため，多モードでの発振が抑えられる。ただし，一様な分布反射器を持つ場合には，二つの波長で動作しやすいため，共振器を二つに分けて，その間に光波の位相を $\pi/2$ ズラす工夫がされている[3]。位相シフト DFB レーザと同様に回折格子を構造に含む LD に，図 8.13 に示す分布反射型レーザ（distributed Bragg reflector LD : DBR）がある。

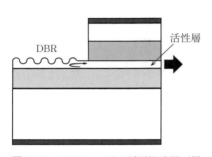

図 8.13　DBR レーザの断面概略図（周期構造が回折格子の働きをして，波長選択制を持つ。DFB レーザと異なり，片側端面出射である。）

（2）　**面発光レーザ**　VCSEL（vertical cavity surface emitting laser diode）と呼ばれる LD である。図 8.14 に，VCSEL の概略図を示す。通常の端面反射型の LD が基板面と平行方向に光を共振させて光を出射させるのに対して，VCSEL では基板面に垂直方向に光を共振させて基板と垂直方向に光を出射する。端面反射型 LD と比べて横幅が数十 μm と 1/10 以下のサイズのため，活性層の体積が圧倒的に小さく，

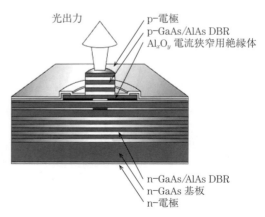

図 8.14　VCSEL の模式図[4]（基板面垂直方向の鏡が DBR ミラーで構成されている。）

8.7 活性層の低次元化 *161*

そのため極低消費電力である。また，へき開が不要で，光源の集積化が容易であるなどの特徴を持つ。1977年に，伊賀（東京工業大学）により発明された。現在，レーザーマウス，レーザプリンタなどの身近なところから，スーパーコンピュータの光配線や大容量光通信にも使われている。式 (8.18) に示したように，VCSEL では共振器の長さが端面反射型 LD に比べて極端に小さい。このため，反射率 R を 99.99 ％以上に大きくする必要がある。これを実現するために，図 8.14 に示すように，上下の反射鏡が DBR ミラーで構成されている。このため，DBR ミラーが波長選択性を持ち，単一モード動作が可能である。

8.7 活性層の低次元化

　DH 構造の活性層の厚さを物質のド・ブロイ波長程度に小さくすると，活性層に垂直方向に運動するキャリヤのエネルギーが離散化する。また，電子およびホールの状態密度がバルクの状態密度から変化し，発光再結合割合が増大する。このような構造を量子井戸（quantum well：QW）という。現在使われている LED や LD のほとんどで量子井戸構造が使われている。ここでは，量子井戸における状態密度を導出し，それがどのように発光に寄与するか考える。**図 8.15** は，量子井戸内の量子化準位と波動関数を表した模式図である。量子井戸の深さは，伝導帯および価電子帯のバンド不連続であるので，量子井戸の深さは有限である。この場合，量子井戸内の電子の波動関数が，クラッド層にしみ出す。

　z 軸方向に厚さ d，x，y 方向に十分大きな長さ L の半導体を考える。z 軸方向に量子化された電子のエネルギーを E_z^n とすると，電子のエネルギーは次式で表せる。

$$E = E_z^n + \frac{\hbar^2}{2m}(k_x{}^2 + k_y{}^2) \tag{8.24}$$

　図 8.16 は，量子井戸の等エネルギー面を表す模式図である。z 軸方向のエネルギーが E_z^n のとき，許容される k の状態は k_x-k_y 面に広がった灰色の円の

8. レーザダイオード（LD）

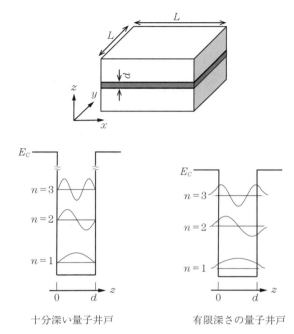

十分深い量子井戸　　　　　有限深さの量子井戸

図 8.15 十分深い量子井戸と有限深さの量子井戸に形成される量子化準位と波動関数の模式図

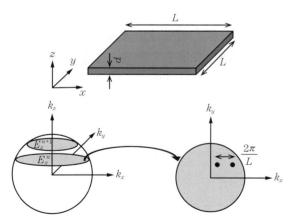

図 8.16 量子井戸の等エネルギー面〔z 軸方向のエネルギーが E_z^n のとき，$(2\pi/L)^2$ の中に k の状態が一つある。〕

8.7 活性層の低次元化

中にあり，面積$(2\pi/L)^2$の中に許容されるkの状態が一つある。よって，k空間の単位面積当りの状態数Nは

$$N = 2 \times \pi \times (k_x^2 + k_y^2) \times \left(\frac{L}{2\pi}\right)^2 = \frac{L^2}{2\pi}(k_x^2 + k_y^2) \tag{8.25}$$

状態密度　$D = \dfrac{d}{dE}\left(\dfrac{N}{dL^2}\right) = \dfrac{m}{\pi d \hbar^2}$ (8.26)

　量子井戸の状態密度は，**図 8.17**（b）で示すとおり階段状となる。また，状態密度にフェルミ・ディラック分布関数$f(E)$を掛けて得られる電子密度のエネルギー分布を図8.17（c）に灰色で示す。図8.17（d）が，バルク結晶の電子密度の分布である。図8.17（d）と比べると，（c）の量子井戸の場合には，階段状の状態密度を反映して，エネルギーが最も低い電子が最も数が多いといえる。このことは，電子のエネルギー拡がりが小さいことにつながる。同様なことは，価電子帯でも生じ，量子井戸ではホールのエネルギー拡がりが小さいといえる。このような特徴が量子井戸を有するLDでは，レーザ発振に必要なし

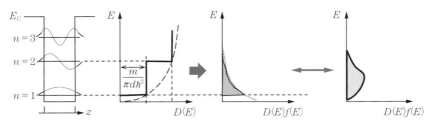

(a) 量子化準位　(b) 状態密度　(c) キャリヤ密度分布　(d) バルクのキャリヤ密度分布

図 8.17　量子井戸の量子化準位，状態密度，キャリヤ密度分布，バルクのキャリヤ密度分布

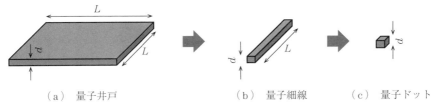

(a) 量子井戸　　　　　(b) 量子細線　　　　(c) 量子ドット

図 8.18　量子井戸，量子細線，量子ドットの模式図

きい値電流の減少につながっている。QW は，キャリヤを一次元方向に閉じ込め，二次元方向のみにキャリヤの自由な運動を許容する構造である。**図 8.18**に示すように，量子井戸からキャリヤの移動をさらに制限した量子細線構造（quantum wire）や，量子ドット（quantum dot：QD）を用いた発光素子が作られている。

図 8.19に，長波長 LD の室温における発振しきい値電流 I_{th}〔mA〕の年次変化を，**図 8.20**に，発振しきい値電流密度 J_{th}〔A/cm^2〕の年次変化を示す。すべて DH 構造であるが，バルク結晶からひずみ量子井戸構造へ，そして量子ドットへ移行するにつれて，しきい値電流密度が著しく低下していることがわかる。

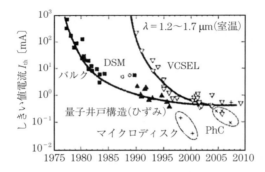

図 8.19 長波長 LD の室温における発振しきい値電流 I_{th}〔mA〕の年次変化[3]

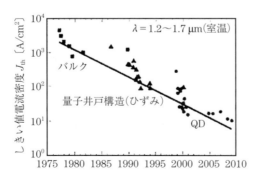

図 8.20 長波長 LD の室温における発振しきい値電流密度 J_{th}〔A/cm^2〕の年次変化[3]

8.8 静特性と動特性

8.8.1 あらまし

7.4節で, LED でも行ったように, LD に流す電流により発光強度がどの周波数まで制御できるか, レート方程式を用いて説明する. 活性層内のキャリヤ密度 N と光子密度 S の関係を導出しよう(**図 8.21**). まず, 静特性を扱い, その後, 動特性へと進む. レート方程式は, つぎのように表せる.

$$\frac{dN}{dt} = \frac{I}{qV} - \frac{N}{\tau_s} - B(N - N_g)S \qquad (8.27)$$

$$\frac{dS}{dt} = B(N - N_g)S + C\frac{N}{\tau_s} - \frac{S}{\tau_p} \qquad (8.28)$$

式 (8.27) の右辺第 1 項は電流注入によるキャリヤ密度の増加を表す. 右辺第 2 項は自然放出によるキャリヤ密度の減少を, 右辺第 3 項は誘導放出に

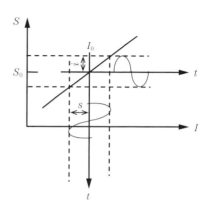

図 8.21 LD に注入する電流の時間変化と, 光子密度の時間変化の関係を表す模式図

よるキャリヤ密度の減少を表す. N_g は光の増幅効果が現れるキャリヤ密度であり, $10^{18}\,\mathrm{cm}^{-3}$ 程度である. 式 (8.28) の右辺第 1 項は誘導放出による光子密度の増加を, 第 2 項は自然放出による光子密度の増加を表す. 係数 C は自然放出係数と呼ばれ, 自然放出光の中で着目するレーザの発振モードにどの程度寄与するかを表す. 自然放出光の幅広いスペクトルに比べて, レーザ発振モードは単色化しているので, C は 10^{-4} から 10^{-6} 程度と小さい. また, C は活性層堆積に反比例する. 右辺第 3 項は光子が活性層から外に放出されることによる光子密度の減少を表し, τ_p は 1 ps 程度の大きさである. 式 (8.27) および (8.28) を, 小信号解析の手法により解析的に解く. N, S, I をつぎのように

時間変化しない直流成分 N_0, S_0, I_0 と，角周波数 ω で振動する交流成分の和で表す。ここで，交流成分の振幅を，それぞれ n, s, i とし，これらはバイアス成分に比べて十分小さい（$N_0 \gg n$, $S_0 \gg s$, $I_0 \gg i$）とする。

$$
\left.
\begin{aligned}
N &= N_0 + ne^{j\omega t} \\
S &= S_0 + se^{j\omega t} \\
I &= I_0 + ie^{j\omega t}
\end{aligned}
\right\}
\tag{8.29}
$$

8.8.2 静 特 性

レーザ発振前とレーザ発振後の二つに分けて考える。レーザ発振のしきい値電流を I_{th} とする。

（1） $I < I_{\mathrm{th}}$ のとき

$$
\left.
\begin{aligned}
\frac{I_0}{qV} - \frac{N_0}{\tau_s} &= 0 \\
C\frac{N_0}{\tau_s} - \frac{S_0}{\tau_p} &= 0
\end{aligned}
\right\}
\tag{8.30}
$$

これより，つぎの2式を得る。

$$
S_0 = C\frac{\tau_p I_0}{qV}
\tag{8.31}
$$

$$
N_0 = \frac{\tau_s I_0}{qV}
\tag{8.32}
$$

（2） $I > I_{\mathrm{th}}$ のとき

$$
\frac{I_0}{qV} - \frac{N_0}{\tau_s} - B(N_0 - N_g)S_0 = 0
\tag{8.33}
$$

$$
B(N_0 - N_g)S_0 + C\frac{N_0}{\tau_s} - \frac{S_0}{\tau_p} = 0
\tag{8.34}
$$

式 (8.34) で，係数 C はほかの項に比べて小さいため無視すると，次式が得られる。

$$
N_0 = N_g + \frac{1}{B\tau_p}
\tag{8.35}
$$

式 (8.35) は，レーザ発振時，活性層内のキャリヤ密度が一定であることを

8.8 静特性と動特性

示している。これは，自然放出時にはなかった現象である。式 (8.33)，(8.35) より

$$\frac{I_0}{qV} - \frac{N_0}{\tau_s} - \frac{S_0}{\tau_p} = 0$$

$$S_0 = \frac{\tau_p}{qV}(I_0 - I_{\text{th}}), \quad I_{\text{th}} = \frac{qV}{\tau_s}\left(N_g + \frac{1}{B\tau_p}\right) \tag{8.36}$$

以上より，電流注入によるレーザ発振の前後におけるキャリヤ密度および光子密度の変化は，**図 8.22** のようになる。

レーザ発振の前後で光子密度は，いずれも注入電流に比例して増加するが，レーザ発振の後ではその傾きは $1/C$ 倍になり，飛躍的に増加する。一方，キャリヤ密度は，レーザ発振までは注入電流に比例して増加するが，レーザ発振後は一定値にとどまる。これはどのように考えればよいだろうか。式 (8.36) より

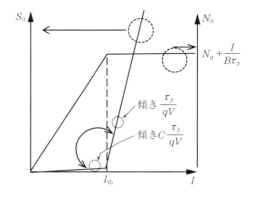

図 8.22 電流注入によるレーザ発振の前後におけるキャリヤ密度および光子密度の変化

$$N_0 = I_{\text{th}}\frac{\tau_s}{qV}$$

$$= \frac{\tau_s}{qV}\frac{I_{\text{th}}}{I}I$$

$$= \frac{\tau_s'}{qV}I, \quad \tau_s' = \tau_s\frac{I_{\text{th}}}{I} \tag{8.37}$$

式 (8.37) に示すように，電流注入によりキャリヤ寿命時間が小さくなったため，活性層内のキャリヤ密度が電流注入にも関わらず増加しないと捉えることができる。

半導体レーザのスペクトル幅 Δf は，自然放出光がレーザ光と結合して雑音

168　　8. レーザダイオード（LD）

になってスペクトルを広げる効果や，雑音でキャリヤ密度が変動することによる。活性層内のキャリヤ密度の揺らぎは，式 (8.38) に示す屈折率の低下となって現れる。これは，上空の電離層での電波の反射現象と同じである。

$$\frac{\Delta n_{\text{index}}}{n_{\text{index}}} = - \frac{q^2 N}{2 m_e \omega^2 n_{\text{index}}{}^2 \varepsilon_0} \tag{8.38}$$

ここで，n_{index} は半導体の屈折率である。式 (8.38) の屈折率変化は，半導体 LD では 0.5％ 程度にもなる。この効果により，半導体 LD のスペクトル幅は，次式で与えられる。

$$\Delta f = \frac{C}{2\pi\tau_p} \cdot \frac{\dfrac{I}{I_{\text{th}}} + 2}{\dfrac{I}{I_{\text{th}}} + 1} \cdot \frac{1 + \left(\dfrac{n_{\text{re}}}{n_{\text{im}}}\right)^2}{\dfrac{I}{I_{\text{th}}} - 1} \tag{8.39}$$

ここで，n_{re} および n_{im} は，それぞれ，キャリヤが作る屈折率の実部と虚部である。C は活性層堆積に反比例するため，体積の小さな半導体 LD では，スペクトル幅がほかのレーザ光に比べて著しく大きく，数 MHz 程度になる。したがって，スペクトル幅を小さくするには，共振器長が長い分布反射型レーザなどを用いる。

8.8.3 動　特　性

レーザ発振の前については，7.4 節ですでに扱ったので，ここではレーザ発振後に着目し，変調度を導出する。式 (8.27) および (8.28) より，交流成分のみを取り出して

$$j\omega n = \frac{i}{qV} - B[(N_0 - N_g)s + S_0 n] - \frac{n}{\tau_s} \tag{8.40}$$

$$j\omega s = B[(N_0 - N_g)s + S_0 n] - \frac{s}{\tau_p} \tag{8.41}$$

$B(N_0 - N_g) = 1/\tau_p$ より

$$B(N_0 - N_g)s = \frac{s}{\tau_p}$$

よって，式 (8.35) より

$$n = j\omega \frac{s}{BS_0} \tag{8.42}$$

式 (8.40) を整理して

$$\left(j\omega + BS_0 + \frac{1}{\tau_s}\right)n = \frac{i}{qV} - \frac{s}{\tau_p} \tag{8.43}$$

式 (8.42),(8.43) より

$$\left[1 - \frac{\omega^2}{\frac{BS_0}{\tau_p}} + j\omega\tau_s\left(\frac{\tau_p}{\tau_s} + \frac{1}{\frac{BS_0}{\tau_p}\tau_s^2}\right)\right]s = \frac{\tau_p}{qV}i \tag{8.44}$$

$$M = \frac{s}{i} = \frac{\tau_p}{qV} \frac{1}{1 - \frac{\omega^2}{\omega_r^2} + j\omega\tau_s\left[\frac{\tau_p}{\tau_s} + \frac{1}{(\omega_r\tau_s)^2}\right]} \tag{8.45}$$

ここで,$\omega_r = \sqrt{BS_0/\tau_p}$ で,$f_r = \omega_r/(2\pi)$ を共振状周波数という。
変調度を周波数 $f=0$ の場合で規格化すると,式 (8.45) より

$$\frac{M(f)}{M(0)} = \frac{1}{1 - \left(\frac{f}{f_r}\right)^2 + j(2\pi f\tau_s)\left[\frac{\tau_p}{\tau_s} + \frac{1}{(2\pi f_r\tau_s)^2}\right]} \tag{8.46}$$

式 (8.46) の概形を,**図 8.23** に示す。図 8.23 で変調度が増大している周波数は,共振状周波数である。共振状周波数が存在するのは,LD に $\tau_s \gg \tau_p$ に起因して,キャリヤ密度と光子密度の間に固有の振動現象が存在するためである。

図 8.23 から,変調周波数を共振状周波数以上に上げると,電流の変化に光子密度の変化が追従できない

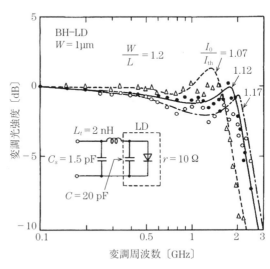

図 8.23 変調度の周波数依存性の例[3]

170　　8.　レーザダイオード（LD）

といえる。このため，変調周波数の上限は共振状周波数といえる。ここで，注入電流密度をしきい値電流密度 J_{th} よりも大きくすることで，共振状周波数が増大すること，つまり，変調周波数の上限が増大することがわかる。共振状周波数が注入電流を増やすと増大することを確かめてみよう。

$B(N_0 - N_g) = 1/\tau_p$, $S_0 = [\tau_p/(qV)](I_0 - I_{th})$ より

$$\omega_r{}^2 = \frac{1}{\tau_p(N_0 - N_g)} \times \frac{\tau_p}{qV}(I_0 - I_{th}) \times \frac{1}{\tau_p}$$

$$= \frac{1}{qV\tau_p} \frac{I_0 - I_{th}}{N_0 - N_g}$$

$$= \frac{1}{qV\tau_p} \frac{I_{th}\left(\dfrac{I_0}{I_{th}} - 1\right)}{N_0\left(1 - \dfrac{N_g}{N_0}\right)} = \frac{1}{\tau_s\tau_p} \frac{\dfrac{I_0}{I_{th}} - 1}{1 - \dfrac{N_g}{N_0}}$$

$$\therefore\quad f_r = \frac{1}{2\pi} \frac{1}{\sqrt{\tau_s\tau_p}} \frac{\sqrt{\dfrac{I_0}{I_{th}} - 1}}{\sqrt{1 - \dfrac{N_g}{N_0}}} \tag{8.47}$$

$\tau_s \gg \tau_p$ により，f_r は，LED の変調周波数の上限 $f_c = 1/(2\pi\tau_s)$ よりも格段に大きいといえる。このため，大容量の光通信には，高速変調が可能な LD が使われる。

また，式 (8.47) より，f_r はバイアス電流 I_0 とともに，$\sqrt{(I_0/I_{th}) - 1}$ に比例して増加する。このように，LD では，変調周波数の上限をバイアス電流を増やすことで増加できる点が LED とは異なる。

章　末　問　題

（1）　半導体 LD と LED の特性で，大きく異なる特徴を二つ挙げよ。

（2）　半導体 LD の直接変調の上限周波数がバイアス電流とともに増加する理由を説明せよ。

（3）　図 8.22 に示すように，半導体 LD では，レーザ発振している際に，注入電流が増えても活性層内のキャリヤ密度が一定になる理由を説明せよ。

章　末　問　題　　*171*

（4）　InGaAsP 活性層を持つファブリーペロー型レーザが，波長 1.3 μm でレーザ発振している。共振器長が 300 μm で，InGaAsP の屈折率を 3.4 とする。このとき，つぎの四つの問いに答えよ。

（a）　反射ミラーでの損失を〔cm^{-1}〕を単位として求めよ。

（b）　反射ミラーの一方の反射率を 95 % とする。光吸収係数を 10 cm^{-1} とするとき，しきい値電流はどのくらい低下するか。

（c）　モード間隔を〔nm〕の単位で求めよ。

（d）　モード間隔を〔GHz〕の単位で求めよ。

（5）　数値を適切に選び，式 (8.39) を用いて，半導体 LD のスペクトル幅を計算せよ。

（6）　面発光レーザ LD では，ファブリーペロー型 LD と比べて共振器の反射率がきわめて高い。その理由を説明せよ。

付　　　　録

付録 1　物理定数

物理量	記号	数値
電子の電荷量	q	1.602×10^{-19} C
電子の静止質量	m	9.109×10^{-31} kg
ボルツマン定数	k_B	1.380×10^{-23} J/K
アボガドロ定数	N	1.602×10^{-19} C
プランク定数	h	6.626×10^{-34} J·s
真空中の誘電率	ε_0	8.854×10^{-12} F/m
真空中の透磁率	μ_0	$4\pi \times 10^{-7}$ H/m
真空中の光速	c	2.998×10^{8} m/s
300 K の熱エネルギー	$k_B T$	0.0259 eV
1 電子ボルトの波長	λ	1.24×10^{-6} m

付録2　物性定数

物理量	Si	GaAs
原子数密度〔cm^{-3}〕	5.02×10^{22}	4.43×10^{22}
原子量	28.09	144.64
結晶構造	ダイヤモンド構造	閃亜鉛鉱構造
密度〔g/cm^3〕	2.329	5.317
格子定数〔nm〕	0.543102	0.56533
比誘電率	11.9	12.9
電子親和力〔V〕	4.05	4.07
禁制帯幅〔eV〕	1.12	1.42
伝導帯実効状態密度〔cm^{-3}〕	2.8×10^{19}	4.7×10^{17}
価電子帯実効状態密度〔cm^{-3}〕	2.65×10^{19}	7.0×10^{18}
真性キャリヤ密度〔cm^{-3}〕	9.65×10^9	2.1×10^6
有効質量		
電子（m_e/m）	$m_l^* = 0.98$	0.063
	$m_t^* = 0.19$	
ホール（m_h/m）	$m_{lh}^* = 0.16$	$m_l^* = 0.076$
	$m_{hh}^* = 0.49$	$m_t^* = 0.50$
ドリフト移動度〔$cm^2/(V \cdot s)$〕		
電子	1 450	8 000
ホール	500	400
飽和速度〔cm/s〕	1×10^7	7×10^6
破壊電場〔V/cm〕	$2.5 \sim 8 \times 10^5$	$3 \sim 9 \times 10^5$
少数キャリヤ寿命〔s〕	$\sim 10^{-3}$	$\sim 10^{-8}$

S. M. Sze：Physics of Semiconductor Devices, 2nd ed., Wiley（1981）

引用・参考文献

第1章

1） S. Richard, F. Aniel, and G. Fishman : Phys. Rev., **B70**, 235204 (2004)

2） 岡崎　誠：固体物理学，裳華房 (2002)

第2章

1） S. M. Sze : Physics of Semiconductor Devices, 2nd ed., Wiley (1981)

2） Van der Pauw : Philips Research Reports, **13**, 1 (1958)

第3章

1） S. M. Sze 著，南日康夫，川辺光央，長谷川文夫訳：半導体デバイス―基礎理論とプロセス技術―（第2版），産業図書 (2004)

2） 古川静二郎：半導体デバイス，コロナ社 (1982)

第4章

1） 濱川圭弘：太陽電池，コロナ社 (2004)

2） M. DiDomenico, Jr. and O. Svelto : Proc. IEEE, **52**, 136 (1964)

3） A. Van der Ziel : Fluctuation Phenometa in Semiconductors, Chap. 6, Academic, New York (1959)

4） 浜松フォトニクス：赤外線検出素子　セレクションガイド

第5章

1） https://en.wikipedia.org/wiki/Air_mass_%28solar_energy%29（2018 年 3 月 23 日現在）

2） K. Yoshikawa, H. Kawasaki, W. Yoshida, T. Irie, K. Konishi, K. Nakano, T. Uto, D. Adachi, M. Kanematsu, H. Uzu, and K. Yamamoto : Nature Energy, **2**, 17302 (2017)

引 用 ・ 参 考 文 献　　　**175**

3） A. McEvoy, T. Markvart, and L. Castaner：Practical Handbook of Photovoltaics, 2nd ed., Elsevier, Amsterdam（2012）

第6章

1） 南日康夫：材料科学，**10**（1973）
2） L. Vegard：Z. Für Phys., **5**, 17（1921）
3） P. Bhattacharya：Semiconductor Optoelectronics Devices, 2nd ed., Prentice Hall, New Jersey（1997）
4） J. A. Van Vechten and T. K. Bergstresser：Phys. Rev., **B1**, 3351（1970）

第7章

1） 末松安晴：新版　光デバイス，コロナ社（2011）

第8章

1） N. Holonyak, Jr. and S. F. Bevacqua：Appl. Phys. Lett., **1**, 82（1962）
2） I. Hayashi, M. B. Panish, P. W. Roy, and S. Sumski：Appl. Phys. Lett., **17**, 109（1970）
3） 末松安晴：新版　光デバイス，コロナ社（2011）
4） K. Iga：Jpn. J. Appl. Phys., **47**, 1（2008）

参考図書

〈固体物理学全般〉

C. Kittel 著，宇野良清，津屋　昇，森田　章，山下次郎訳：固体物理学入門，丸善（1998）

Neil W. Ashcroft and N. David Mermin：Solid State Physics, Cengage Learning（2016）

岡崎　誠：固体物理学，裳華房（2002）

〈半導体の基礎物性と pn 接合〉

名取晃子：半導体物性，培風館（1995）

S. M. Sze：Physics of Semiconductor Devices, 2nd ed., Wiley（1981）

S. M. Sze 著，南日康夫，川辺光央，長谷川文夫訳：半導体デバイス—基礎理論とプロセス技術—（第2版），産業図書（2004）

引　用　・　参　考　文　献

〈受光素子〉

米津宏雄：光通信素子工学，工学図書（2000）

〈太陽電池〉

山口真史，M．A．グリーン，大下祥雄，小島信晃：太陽電池の基礎と応用，丸善
　　　（2010）

宇佐美徳隆，石原　照，中嶋一雄：太陽電池の物理，丸善（2010）

T．Dittrich：Materials Concepts for Solar Cells, Imperial College Press（2015）

〈化合物半導体の物性について〉

小長井誠：半導体超格子入門，培風館（1987）

P．Bhattacharya：Semiconductor Optoelectronic Devices, 2nd ed., Prentice Hall, New
　　　Jersey（1997）

〈LED，LD について〉

米津宏雄：光通信素子工学，工学図書（2000）

末松安晴：新版　光デバイス，コロナ社（2011）

〈LD による光ファイバ通信について〉

末松安晴，伊賀健一：光ファイバ通信入門 改訂 4 版，オーム社（2006）

索　引

【あ】

アクセプタイオン	60
アクセプタ準位	35
アクセプタ不純物	35
アバランシェ降伏	94
アバランシェ増倍	94
アバランシェフォト	
ダイオード	84
暗電流	67,115

【い】

イオン化率	95
イオン結合	4
移動度	50,129

【う】

ウイグナー・サイツセル	
	13,14

【え】

液相成長法	133
エネルギーギャップ	6
エネルギー準位	5
エネルギーバンド構造	5
エネルギー変換効率	121
エピタキシャル成長	149
エントロピー	32

【お】

応答速度	98
オージェ再結合	46
オーミック接合	74

【か】

回　折	23

階段屈折率分布	149
拡散電流	51
拡散容量	64
核融合反応	108
化合物半導体	128
過剰雑音指数	104
化石燃料	108
片側階段接合	64
活性層	141
価電子	4
価電子帯実効状態密度	29
価電子帯バンド不連続	72
間接遷移型半導体	9,43
完全空乏近似	60

【き】

奇数次モード	152
擬フェルミ準位	49
基本単位胞	2
基本並進ベクトル	1
逆格子点	10
逆格子ベクトル	11
逆方向バイアス	70
逆方向飽和電流密度	70
キャリヤ走行時間	97
共振状周波数	169
共　有	6
共有結合	4
局在準位	43
局在準位密度	44
禁制帯	6

【く】

空間電荷	60
空気質量	109
空格子	17

空格子点	53
偶数次モード	152
空乏層	60
空乏層幅	59
空乏層容量	63
屈折率	151
クラッド層	143
クーロン力	30

【け】

欠　陥	52
結晶運動量	7
結晶ポテンシャル	16
原子形状因子	13
元素半導体	128

【こ】

コ　ア	150
格子間原子	53
格子欠陥	52
光子寿命時間	144
格子整合	133
格子定数	4
格子点	1
光子密度	144
構造因子	12
光　速	151
黒体輻射	108
コヒーレンス	40
コヒーレント光	148
混晶半導体	130

【さ】

最外殻電子	4,6
再結合割合	42
雑音帯域幅	101

【し】

しきい値電流密度	164
仕事関数	74
自然放出	38
自然放出係数	165
実効状態密度	51
実効リチャードソン定数	79
遮断周波数	99
周期関数	16
周期的境界条件	26
自由電子近似	18
受光感度	97
主量子数	4
シュレディンガー方程式	16
順方向バイアス	67
小信号解析	145
少数キャリヤ	32
少数キャリヤ拡散長	67
少数キャリヤ寿命	43
状態密度	25
ショットキー接合	74
ショット雑音	101
真空準位	50,59
信号対雑音比	101
刃状転位	52
真性キャリヤ密度	29
真性半導体	27
真性フェルミ準位	30
真性領域	33

【せ】

静特性	166
整流性	70
積層欠陥	53
閃亜鉛鉱構造	3
遷移	39
全反射	150

【そ】

束縛エネルギー	31

【た】

体心立方格子	12
ダイヤモンド構造	3
太陽	108
太陽光のスペクトル	108
太陽電池	107
多数キャリヤ	32
縦モード	152
ダブルヘテロ構造	140
ダブルヘテロ接合 ダイオード	136
多モード化	158
単一モードレーザ	158
単位胞	2
単位胞内	6
ダングリング・ボンド	53
タンデム型	120
タンデム型太陽電池	121

【ち】

中性領域	60
注入比	70
直接遷移型半導体	9,43
直接変調	144
直列抵抗	109

【て】

定在波	156
デバイ長	82
出払い領域	33
転位	52
転位線	52
電荷中性条件	81
点欠陥	53
電子親和力	50
電子・ホール対の生成割合	42
電子密度分布	12
伝導帯実効状態密度	29
伝導帯バンド不連続	72
電流電圧特性	67
電力条件	156

【と】

等価雑音電力	104
動特性	168
特性 X 線	24
特性温度	155
ドナーイオン	60
ドナー準位	31
ドナー不純物	31
ドーピング濃度	81
ドリフト電流	51
トンネル電流	80

【な】

内蔵電位	59,60
内蔵電場	83
内部エネルギー	32

【ね】

熱雑音	102
熱電子放出	78,80

【は】

パウリの排他原理	5
バックコンタクト構造	126
発光ダイオード	39,136
波動関数	16
反射高速電子線回折	135
反射率	149
反転分布	41
バンドギャップ・エンジニアリング	130
バンド不連続	161

【ひ】

光起電力効果	84
光吸収	38
光吸収係数	47
光吸収層	86
光通信	170
光伝導効果	84
光伝導セル	96
光電流	115

索　　引　　179

光電流利得	97	並列抵抗	109	モード・ホッピング	158
光の吸収長	100	ベガード則	131		
光の伝搬定数	155	へき開	149	**【ゆ】**	
光ファイバ	148	ヘテロ接合	71	有機金属気相成長法	133
比検出能力	104	ヘルムホルツの自由		有効質量	7
比接触抵抗	80	エネルギー	32	誘導放出	38
非発光再結合	52	変換効率	107	ユニポーラデバイス	80
比誘電率	30	変調周波数の上限	144		
表面再結合	118, 119	変調度	146	**【よ】**	
表面再結合速度	119			横モード	152
表面準位	77	**【ほ】**			
表面テクスチャ構造	125	ポアソン方程式	61	**【ら】**	
表面パッシベーション	125	ボーイングパラメータ	131	らせん転位	52
		飽和ドリフト速度	99		
【ふ】		捕獲断面積	44	**【り】**	
ファブリーペロー型 LD	149	ホール効果	53	利得係数	155
フェルミ・ディラック		ホール測定	53	量子井戸	161
分布関数	28	ボルツマンの輸送方程式	49	量子化準位	161
フォノン	47	ボルツマン分布	140	量子効率	89
不活性化	123			量子細線構造	164
負荷抵抗	98	**【ま】**		量子ドット	164
ブラッグの法則	23	マクスウェル方程式	150	両性不純物	38
ブラッグ面	14				
ブラベ格子	3	**【み】**		**【れ】**	
フーリエ級数	9	未結合手	123	レーザダイオード	40
ブリユアン域	8	ミシビリティギャップ	133	レーザ発振	154
ブロッホ関数	17	ミスフィット転位	129	――の位相条件	156
ブロッホの定理	16			レート方程式	136
分子線エピタキシー法	133	**【め】**		連続発振	154
分布帰還型レーザ	158	面心立方格子	3		
		面発光レーザ	160	**【ろ】**	
【へ】				ローレンツ力	54
並進対称性	16	**【も】**			
平板導波路	149	モード	149		

【A】		**【B】**		**【C】**	
air mass	109	bowing parameter	131	CR 時定数	90
AM	109	Bragg の法則	23		
APD	84	BSF	124	**【D】**	
Auger 再結合	46			DFB レーザ	158
				DH	140

【F】

Fabry-Perot 型 LD	*149*			
Fermi-Dirac 分布関数	*28*			
fill factor	*111*			

【K】

k 空間　　*5*

【L】

LD　　*40*
LED　　*39,136*
LPE　　*133*

【M】

MBE　　*133,134*
miscibility gap　　*133*
MOPVE　　*133*

【N】

NEP　　*104*
np 積　　*30*

【P】

pin フォトダイオード　　*84*
pn 接合ダイオード　　*59*

【Q】

QD　　*164*
QW　　*161*

【R】

RHEED　　*135*

【S】

Schrödinger 方程式　　*16*

Shockley-Reed-Hall 再結合
　　43
sp^3 混成軌道　　*6*
SRH 再結合　　*43*

【T】

TE モード　　*150*
TM モード　　*150*

【V】

van der Pauw 法　　*55*
VCSEL　　*160*

【X】

X 線回折　　*12*

【数字】

1 電子近似　　*15*

電子情報通信レクチャーシリーズ

■電子情報通信学会編　（各巻B5判，欠番は品切または未発行です）
白ヌキ数字は配本順を表します。

				頁	本体
㉚	A-1	電子情報通信と産業	西村吉雄著	272	4700円
⑭	A-2	電子情報通信技術史 —おもに日本を中心としたマイルストーン—	「技術と歴史」研究会編	276	4700円
㉖	A-3	情報社会・セキュリティ・倫理	辻井重男著	172	3000円
⑥	A-5	情報リテラシーとプレゼンテーション	青木由直著	216	3400円
㉙	A-6	コンピュータの基礎	村岡洋一著	160	2800円
⑲	A-7	情報通信ネットワーク	水澤純一著	192	3000円
㊳	A-9	電子物性とデバイス	益・天川共著	244	4200円
㉝	B-5	論理回路	安浦寛人著	140	2400円
⑨	B-6	オートマトン・言語と計算理論	岩間一雄著	186	3000円
㊵	B-7	コンピュータプログラミング —Pythonでアルゴリズムを実装しながら問題解決を行う—	富樫敦著	208	3300円
㉟	B-8	データ構造とアルゴリズム	岩沼宏治他著	208	3300円
㊱	B-9	ネットワーク工学	田村・中野・仙石共著	156	2700円
❶	B-10	電磁気学	後藤尚久著	186	2900円
⑳	B-11	基礎電子物性工学 —量子力学の基本と応用—	阿部正紀著	154	2700円
❹	B-12	波動解析基礎	小柴正則著	162	2600円
❷	B-13	電磁気計測	岩崎俊著	182	2900円
⑬	C-1	情報・符号・暗号の理論	今井秀樹著	220	3500円
㉕	C-3	電子回路	関根慶太郎著	190	3300円
㉑	C-4	数理計画法	山下・福島共著	192	3000円
⑰	C-6	インターネット工学	後藤・外山共著	162	2800円
❸	C-7	画像・メディア工学	吹抜敬彦著	182	2900円
㉜	C-8	音声・言語処理	広瀬啓吉著	140	2400円
⑪	C-9	コンピュータアーキテクチャ	坂井修一著	158	2700円
㉛	C-13	集積回路設計	浅田邦博著	208	3600円
㉗	C-14	電子デバイス	和保孝夫著	198	3200円
❽	C-15	光・電磁波工学	鹿子嶋憲一著	200	3300円
㉘	C-16	電子物性工学	奥村次徳著	160	2800円
㉒	D-3	非線形理論	香田徹著	208	3600円
㉓	D-5	モバイルコミュニケーション	中川・大槻共著	176	3000円
⑫	D-8	現代暗号の基礎数理	黒澤・尾形共著	198	3100円
⑱	D-11	結像光学の基礎	本田捷夫著	174	3000円
❺	D-14	並列分散処理	谷口秀夫著	148	2300円
㊲	D-15	電波システム工学	唐沢・藤井共著	228	3900円
㊴	D-16	電磁環境工学	徳田正満著	206	3600円
⑯	D-17	VLSI工学 —基礎・設計編—	岩田穆著	182	3100円
❿	D-18	超高速エレクトロニクス	中村・三島共著	158	2600円
㉔	D-23	バイオ情報学 —パーソナルゲノム解析から生体シミュレーションまで—	小長谷明彦著	172	3000円
❼	D-24	脳工学	武田常広著	240	3800円
㉞	D-25	福祉工学の基礎	伊福部達著	236	4100円
⑮	D-27	VLSI工学 —製造プロセス編—	角南英夫著	204	3300円

定価は本体価格＋税です。
定価は変更されることがありますのでご了承下さい。

図書目録進呈◆

――― 著者略歴 ―――

1991年	東京工業大学工学部電気電子工学科卒業
1993年	東京工業大学大学院理工学研究科修士課程修了（電気電子工学専攻）
1996年	東京工業大学大学院理工学研究科博士課程修了（電気電子工学専攻），博士（工学）
1996年	筑波大学助手
1998年	筑波大学講師
2003年	筑波大学助教授
2007年	筑波大学准教授
2010年	筑波大学教授
	現在に至る

光デバイス入門 ― pn 接合ダイオードと光デバイス ―
Introduction to Optoelectronic Semiconductor Devices ― pn junction diodes and optical devices ―
Ⓒ Takashi Suemasu 2018

2018 年 5 月 10 日　初版第 1 刷発行　　　　　　　　　　　　　　★
2024 年 10 月 5 日　初版第 2 刷発行

検印省略

著　　者　　末　　益　　　　崇
　　　　　　　　すえ　　ます　　　　　たかし
発　行　者　　株式会社　　コロナ社
　　　　　　　代　表　者　　牛　来　真　也
印　刷　所　　三　美　印　刷　株　式　会　社
製　本　所　　有限会社　　愛　千　製　本　所

112-0011　東京都文京区千石 4-46-10
発　行　所　　株式会社　　コ　ロ　ナ　社
CORONA PUBLISHING CO., LTD.
Tokyo Japan

振替 00140-8-14844・電話 (03) 3941-3131 (代)
ホームページ　https://www.coronasha.co.jp

ISBN 978-4-339-00910-1　C3055　Printed in Japan　　　　　　（新井）

[JCOPY] ＜出版者著作権管理機構　委託出版物＞
本書の無断複製は著作権法上での例外を除き禁じられています。複製される場合は，そのつど事前に，出版者著作権管理機構（電話 03-5244-5088，FAX 03-5244-5089，e-mail: info@jcopy.or.jp）の許諾を得てください。

本書のコピー，スキャン，デジタル化等の無断複製・転載は著作権法上での例外を除き禁じられています。購入者以外の第三者による本書の電子データ化及び電子書籍化は，いかなる場合も認めていません。
落丁・乱丁はお取替えいたします。